长江入河排污口
整治典型案例汇编

生态环境部生态环境执法局
国家海洋环境监测中心　| 主编

中国环境出版集团 · 北京

图书在版编目（CIP）数据

长江入河排污口整治典型案例汇编 / 生态环境部生
态环境执法局，国家海洋环境监测中心主编. -- 北京 ：
中国环境出版集团，2025. 1. -- ISBN 978-7-5111-6117-
8

Ⅰ. TV882.2

中国国家版本馆CIP数据核字第20253F43H5号

责任编辑　殷玉婷
策划编辑　韩冰一
封面设计　宋　瑞

出版发行　中国环境出版集团
　　　　　　（100062　北京市东城区广渠门内大街16号）
　　　　　　网　　址：http：//www.cesp.com.cn
　　　　　　电子邮箱：bjgl@cesp.com.cn
　　　　　　联系电话：010-67112765（编辑管理部）
　　　　　　发行热线：010-67125803，010-67113405（传真）
印　　刷　北京鑫益晖印刷有限公司
经　　销　各地新华书店
版　　次　2025 年 1 月第 1 版
印　　次　2025 年 1 月第 1 次印刷
开　　本　787×1092　1/16
印　　张　16.75
字　　数　242千字
定　　价　90.00元

中国环境出版集团郑重承诺：
中国环境出版集团合作的印刷单位、材料单位均具有中国环境标志产品认证。

编 / 委 / 会

前言

FOREWORD

2019 年，生态环境部组织开展长江流域入河排污口排查，共发现排污口 6 0292 个，是之前地方掌握情况的 30 倍左右。通过排查，基本摸清了长江流域入河排污口的数量、分布等情况，建立了可实时查询、统计、分析的长江入河排污口信息系统，为做好入河排污口监管奠定了坚实基础。排查中还发现，长江流域存在一些突出环境问题。一是管网溢流、直排等问题突出，约 20% 的雨水口存在生活污水、工业废水混排现象；二是一些河港、沟汊成为纳污排污通道，长江干流以外未纳入河流管理也未划定水环境功能的河港、沟汊承载大量生活、养殖和工业污水等排入长江；三是存在突发事故环境风险隐患，从近年发生的多起突发环境事件来看，污染物往往经雨洪口、涵闸、尾矿库等排出进入长江。这些问题严重制约长江生态环境质量的持续改善，亟须全面开展长江入河排污口整治工作。

为贯彻落实党中央、国务院决策部署，解决长江入河排污口存在的突出问题，2022 年 8 月，《国务院办公厅关于转发生态环境部　国家发展改革委长江入河排污口整治行动方案的通知》（国办函〔2022〕76 号）提出，在巩固入河排污口排查成果的基础上，扎实推进监测、溯源、整治三项任务，切实解决长江沿岸入河排污突出问题，提升沿岸环境治理能力和水平。该方案明确了 10 项工作任务：一是建立整治工作台账；二是统一命名编码；三是全面开展监测；四是实施污水溯源；五是编制实施整治方案；六是完成树标立牌；七是规范入河排污口设置；八是强化截污治污；九是严厉打击违规违法行为；十是打造整治样板。该方案要求 2025 年年底前，基本完成入河排污口整治工作，有关城市建成区基本消除生活污水直排口和收集处理设施空白区，切实解决污水违规溢流直排问题，形成责任明晰、设置合理、管理规范的长效监督管理机制，入河排污状况全面改善。

截至 2023 年年底，长江流域各相关地市均已建立了长江入河排污口整治工作台账；依据《入河（海）排污口命名与编码规则》（HJ 1235—2021）对排污口进行了统一命名编码；按照《长江入河和渤海地区入海排污口排查整治专项行动监测实施工作要点（试行）》（环办监测函〔2020〕261 号）和《入河入海排污口监督管理技术指南　溯源总则》（HJ 1313—2023）的相关要求开展了监测、溯源；按照《入河入海排污口监督管理技术指南　整治总则》（HJ 1308—2023）编制了整治方案，并经省级生态环境部门审核后印发实施。目前，长江流域各相关地市正在按照整治行动方案及国家有关要求有序推进长江入河排污口整治工作，也涌现出一批值得借鉴和推广的典型案例。例如，重庆市按照"污染源消除＋水环境修复＋智能化管控"的技术路线开展盘溪河入嘉陵江口系统化整治，盘溪河实现"水清岸绿"整体蜕变；南京市创新性采用漂浮式拼装湿地装置对鼓楼区上元门泵站前池水质进行原位净化整治，使上元门泵站水质稳定达到《地表水环境质量标准》（GB 3838—2002）的Ⅱ～Ⅲ类水质标准；上海市部分企业探索治水新技术，通过废水处理系统升级改造对废水进行深度处理，进而将废水回收进行综合利用，实现了污水"零排放"等。通过国家和地方的共同努力，排污口排查整治工作初见成效，目前长江干流全线稳定保持在地表水 Ⅱ 类水质。

本书对长江流域近年来开展的排污口整治工作进行了系统梳理，共总结出 53 个排污口整治典型案例和 6 个排污口销号制度建设典型案例，供各地开展排污口整治工作参考借鉴。本书共分为 6 章，前 3 章根据《入河入海排污口监督管理技术指南 整治总则》（HJ 1308—2023）的分类整治要求，按照依法取缔、清理合并和规范整治等情形介绍了 39 个案例；第 4 章介绍了 10 个面源污染治理和劣 Ⅴ 类水体综合治理的小流域系统治理案例；第 5 章介绍了 4 个污水处理提质增效的案例；第 6 章收集整理了部分省（直辖市）排污口销号制度建设案例。

开展长江入河排污口整治是推进长江生态环境保护的关键性、基础性工作，要从根源上解决长江流域截污治污不到位、污水违规溢流直排等突出问题，还需要我们坚定信心、久久为功，通过长江流域各地市一点一滴的扎实工作和共同努力，为建设"人水和谐"美丽河湖，全面推进美丽中国建设作出积极贡献。

CONTNETS

第 1 章　依法取缔类案例 　　001

第 2 章　清理合并类案例 　　015

第 3 章　规范整治类案例 　　023

第 1 章

依法取缔类案例

《国务院办公厅关于加强入河入海排污口监督管理工作的实施意见》（国办函〔2022〕17号）明确指出，按照"依法取缔一批、清理合并一批、规范整治一批"的要求，由地市级人民政府制定实施整治方案，以截污治污为重点开展整治。在排污口整治的过程中，对于违反法律法规规定，存在违法设置、违法排污等行为的排污口，都应当予以坚决取缔。《入河入海排污口监督管理技术指南 整治总则》（HJ 1308—2023）规定，依法取缔类排污口主要包括以下情形：一是在饮用水水源保护区内设置的；二是在风景名胜区水体、重要渔业水体和其他具有特殊经济文化价值的水体的保护区内设置的，或者在自然保护区的核心区和缓冲区内设置的；三是在海洋自然保护区、重要渔业水域、海滨风景名胜区和其他需要特别保护的区域设置的；四是已设置的排污口不符合防洪要求、危害堤防安全的；五是其他违反法律、行政法规规定设置的。

在整治过程中，一方面要依法对排污口进行清理取缔；另一方面要结合区域实际，采取措施开展生态修复，恢复河道岸线原貌。本章的4个案例在按照技术规范要求完成排污口取缔后，地方政府因地制宜地在原排污口及周边实施了生态修复，解决了污水直排长江的生态环境问题，排除了风险隐患，还给老百姓一个清洁自然的生活环境。

案例 1

广元市苍溪县饮用水水源地入河排污口整治

（1）基本情况

排污口类型：城镇污水处理厂排污口。

地理位置：四川省广元市苍溪县浙水乡。

责任主体：浙水乡污水处理站。

主管部门：苍溪县生态环境局。

污染来源：周边居民区生活污水。

受纳水体环境管理要求：《地表水环境质量标准》（GB 3838—2002）Ⅱ类水质标准。

（2）问题分析

苍溪县饮用水水源地迁建后，浙水乡污水处理站位于新迁建水源地的准保护区陆域范围，污水处理站排污口位于水源取水口下游的二级保护区范围内，与《中华人民共和国水污染防治法》、饮用水水源保护条例等法律法规内容相悖。加之该污水处理站建设时间早、地埋式污水处理设施老化等原因，污水处理设施设备渗漏、总磷超标排放等问题持续存在，对饮用水水源及周边环境造成一定的环境安全风险。

（3）整治措施和整治过程

一是对设施升级改造。拆除原地埋式污水处理设施，根据场镇人口和前期污水处理量核算结果，更换成 200 t/d 一体化污水处理设备并配套附属设施。改造老旧管网 0.5 km，实现场镇污水应收尽收，实际日均污水收集处理量由原 150 t 提升至现在的 180 t。

二是规范排污口设置。关闭并拆除位于饮用水水源二级保护区内的原排污口，在污水处理站西南侧新建 300 m² 人工湿地和 50 m 排水渠。污水处理站出水经由管网引入湿地深度净化，通过截污排水沟渠引至水源保护区外排入嘉陵江。

三是建设生态净水系统。新建功能性人工湿地，栽种鸢尾、水竹等水生植物，提升人工湿地生物降解氮、磷等污染物的能力。经人工湿地净化的出水水质可达《城镇污水处理厂污染物排放标准》（GB 18918—2002）一级 A 标准，部分用于灌溉周边果园、菜地，实现水资源循环利用。

迁建工程点位如图 1 所示。

图 1　迁建工程点位

（4）整治成效

项目于 2022 年 8 月建成并通过验收投运，取缔了位于水源保护区的原排污口，进一步强化了饮用水水源地保护，规范了入河排污口设置（图 2）。升级改造后的污水处理站有效解决了原场镇污水收集率低、散排影响周边环境等问题，全面消除了污水处理站涉嫌超标排放等水环境安全隐患。昔日饱受群众诟病的污水处理站入河排污口变成了乡镇的一道亮丽风景，更解决了周边果园、菜地用水（图3）。经测算，该湿地每年可产生5万t灌溉用水，实现水资源再利用，同时减少了生产用水量。

（a）整治前　　　　　　　　　　　　　（b）整治后

图2　排污口整治前后污水排放状况对比

图3　排污口整治后——新增人工湿地

（5）效益和长效监管分析

整治项目总投资 74.9 万元，通过污水处理站升级整改和入河排污口规范化建设，实现了两方面风险防范效益。一是有效降低了区域环境风险。项目在该准保护区紧邻二级保护区侧修建 2.8 km 截污沟，有效截流准保护区范围内的面源污染；二是有效规避了污水处理站运营风险。通过污水设施升级、老旧管网改造，进一步提升场镇污水收集处理能力，同时将入河排污口迁建至饮用水水源地保护区外，强化污水处理厂运营合规性，全面消除涉嫌违法排污、违规设置排污口的风险。

案例 2

咸宁市嘉鱼县某砂石厂北 5 米工业排污口整治

（1）基本情况

排污口类型：工矿企业排污口。

地理位置：湖北省咸宁市嘉鱼县某砂石厂北 5 米。

责任主体：咸宁市生态环境局嘉鱼县分局。

主管部门：咸宁市生态环境局。

污染来源：砂石料清洗废水。

（2）问题分析

砂石厂在洗砂作业过程中，大体积洗砂设备以及来往车辆的噪声和扬尘污染较为严重，严重影响了周边村民的正常生活。原马鞍山生活垃圾填埋场部分区域位于该砂石厂地下，采砂可能导致垃圾填埋场污染再次排放。此外，该砂石厂修建的工业生产废水排污口破坏了周边的生态环境。

（3）整治措施和整治过程

首先，关停砂石厂并进行整体拆除（包括场区所有机械设备、建筑物及构筑物），对场地堆放的原材料及加工成品进行清理转运，对废弃的砂石料进行资源化后，用于嘉鱼县滨江生态示范提升项目其他工程路基。

其次，拆除砂石厂洗砂循环水池，彻底取缔该排污口。对原嘉鱼县马鞍山生活垃圾填埋场进行综合整治，采用"全量垃圾开挖筛分＋筛分产物综合处置"工艺对填埋场范围内的垃圾进行了妥善处置。

最后，结合嘉鱼县滨江生态示范提升项目子项目马鞍山采石场矿山生态修复项目，对已拆除砂石厂地块进行覆土植绿，改造成郊野公园。

排污口整治前后对比如图 1 所示。

（a）整治前

（b）整治后

图 1　排污口整治前后对比

（4）整治成效

通过拆除砂石厂和取缔排污口，彻底根除了污染源。同时对砂石厂地下原嘉鱼县马鞍山生活垃圾填埋场进行了综合整治，对存量垃圾进行规范化处置，解决了存量垃圾对土壤和地下水的潜在危害问题。

（5）效益和长效监管分析

排污口整治结合嘉鱼县滨江生态示范提升项目子项目马鞍山采石场矿山生态修复项目开展，对砂石场区域覆土植绿，改造成郊野公园，改善了马鞍山矿区的生态环境，提高了马鞍山地区环境容量和质量，恢复了该区域历史风貌及生态涵养功能，使之成为嘉鱼县北门户景观节点。排污口取缔之后，生态逐渐恢复，村民家门口不再是砂堆遍地、尘土飞扬，也不用担心长江水道污染了，茶余饭后也可在江边悠闲散步，群众幸福感大幅提升。

案例 3

永州市零陵区大夫庙村大夫庙砂场东北 150 米其他排污口整治

（1）基本情况

排污口类型：其他排污口。

地理位置：湖南省永州市零陵区大夫庙村 5 组湘江河边。

责任主体：永州市生态环境局零陵分局。

主管部门：永州市零陵区人民政府。

污染来源：大夫庙砂场生产废水，主要污染物种类为悬浮物、尾泥。

受纳水体环境管理要求：《地表水环境质量标准》（GB 3838—2002）Ⅱ类

水质标准。

（2）问题分析

该砂场建于 2012 年，三面环山一面临水，西面、北面临荒山，东面临居民区，南面临湘江。砂场主要生产河沙和鹅卵石，在生产过程中，扬尘满天飞，噪声震耳欲聋，生产废水经管道收集到简单沉淀池沉淀后排向湘江。由于该砂场污染防治设施不规范，废水处理不到位，对下游湘江水生态造成一定的环境风险隐患。

（3）整治措施和整治过程

2019 年，零陵区人民政府组织相关职能部门联合执法，对砂场进行了关闭和取缔，并根据《永州市湘江入河排污口排查整治专项行动方案》和《永州市湘江干流"一口一策"整治方案》，按照"两断三清"的要求清除所有设备、产品和原材料，拆除了两个排污口，并对原砂场进行了绿植修复。

排污口整治前后对比如图 1 所示。

（a）整治前

（b）整治中

（c）整治后

（d）1号排污口整治前（左）与整治后（右）

（e）2号排污口整治前（左）与整治后（右）

图1　排污口整治前后对比

（4）整治成效

零陵区人民政府按照"取缔一批、整治一批、规范一批"的原则，对砂场开展了深度整治。两个排污口拆除后，天蓝了，水绿了，山青了。周边居民反映现在不再像以前那样——扬尘满天飞、噪声震耳欲聋，现在每天都可以睡个安稳觉，可以不用每天打扫灰尘了，也可以在河里洗衣服、洗菜了，确保了一江碧水向北流。

（5）效益和长效监管分析

大夫庙砂场在运行过程中，先要在河道中用挖砂船采砂，这不仅对河道产生破坏，对河岸的防洪堤和船只航线也造成安全隐患。砂石上岸后，经机械筛选日晒后造成扬尘，浑水挟带各种成品油再一次污染河道。砂石是不可再生的，砂石开采收获的是短期的暴利，不可长期回报，通过入河排污口整治，对原砂场进行生态修复并完善了周边旅游设施。目前企业已成功实现产业转型，相关农村生态旅游活动已粗具规模，聚餐和各种团建等活动络绎不绝，带动了周边居民农产品和水果的销售，形成了长期可持续的经济链，同时给了周边居民一个安静清洁的生活、生产环境。

案例 4

武汉市蔡甸区张湾余家台电商工业园雨洪排口整治

（1）基本情况

排污口类型：城镇雨洪排口。

地理位置：湖北省武汉市东西湖区飞地余家台电商工业园。

责任主体：蔡甸区张湾街道。

主管部门：武汉市生态环境局蔡甸区分局。

污染来源：工业园区内雨水以及周边居民区生活污水。

受纳水体环境管理要求：《地表水环境质量标准》（GB 3838—2002）V类水质标准。

（2）问题分析

前期溯源调查发现，排污口有5处小排污口有明显生活污水混入，由于地理位置因素，该地区无市政管网接入，工业园区内雨水、周边居民区生活污水混合排入水池内，再通过沟渠排入汉北河。

（3）整治措施和整治过程

溯源整治方案制定。该区域属于截污纳管条件困难的城镇污水散排区域，根据区域特点，整治方案确定了短期内实施集中处置与分散处理相结合的整治措施，实现对未截污纳管城镇生活污水散排污口整治，远期适时对该片区实施整体拆迁。

实施拆除整治。2020年11月16日，湖北省水利厅通报水利部暗访发现汉北河两处"乱建"问题，包括余家台电商工业园厂房。蔡甸区委、区政府组织工作专班，制定整治方案，依法启动执法程序。依托河湖"四乱"问题整改工作，余家台电商工业园及周边已经完成拆迁，原排污口拆除。

排污口整治前后对比如图1所示。

（4）整治成效

该区域拆迁后排污口随之拆除，无污水排放，改善了"脏、乱、差"的环境卫生面貌，周边生态环境持续向好，人民群众满意度大幅提高。

（5）效益和长效监管分析

该排污口整治为较典型的涉及违建、乱建，城镇污水散排问题突出的案例。

（a）整治前

（b）整治后

图1　排污口整治前后对比

这类排污口的拆除整治工作往往面临较大压力，容易受多方面影响，导致整治工作被长期拖延而无法按时开展。该排污口整治过程中依托了河湖"四乱"问题整改行动，通过成立专班、拆除工作指挥部等工作方式，完成了排污口的综合整治，体现了排污口整治工作的复杂性，对相关类似排污口整治工作具有较好的启示意义。

第 **2** 章

清理合并类案例

对排污口进行清理合并，目的是解决污水散排、乱排等突出问题，提高污水统一收集处理能力。《入河入海排污口监督管理技术指南　整治总则》（HJ 1308—2023）规定，以下情形的排污口应清理合并：一是城镇污水收集管网覆盖范围内的生活污水散排口；二是工业及其他各类园区或各类开发区内的工矿企业排污口；三是工业及其他各类园区或各类开发区外单个工矿企业的多个排污口。

本章介绍的两个案例，主要是针对厂区雨水管网老旧、雨污混排等问题，在考虑行洪安全的前提下合并雨洪排口，系统改造雨污合流管线，并根据实际需求提升污水处理能力，加强对初期雨水的收集处理，有效防范雨水排放对环境的潜在影响和风险。

案例 5

上海市某公司全厂雨污管网及废水治理设施综合改造

（1）基本情况

排污口类型：工矿企业雨洪排口。

地理位置：上海市宝山区煤电路 188 号。

责任主体：上海市某公司。

主管部门：上海市宝山区水务局。

污染来源：厂区道路雨水。

受纳水体环境管理要求：《地表水环境质量标准》（GB 3838—2002）Ⅲ类水质标准。

（2）问题分析

上海市某公司占地面积 17 亩[①]，主要从事引入项目服务管理。原场地为设备仓库及工程队员工宿舍，厂房陈旧，雨污管网老旧，管理不规范，存在污水混接、渗漏风险，沿杨盛河东岸设置多个雨水排口。受纳水体杨盛河为Ⅲ类水质，但水质仍存在波动性。

（3）整治措施和整治过程

雨污水管网完善工程。针对厂房陈旧、雨污管网老旧问题，该公司与土地所有权人协商确定翻建厂房，同步投入 120 万元改造雨污水管网。全厂新建污水管、雨水管、餐饮污水隔油池、三级雨水沉淀池，雨水排口设置闸阀。雨水排口合并（保留 1 个），封堵其余雨水排口。排污口整治前后对比如图 1 所示。

新建废水处理设施。上海某洗涤综合服务有限公司，从事衣服集中洗涤，投入 380 万元，配套建设 1 200 t/d 废水处理设施，洗涤废水采用混凝气浮、A/O+MBR 生化、反渗透处理工艺，废水处理后 60% 水回用至洗涤生产线，40% 达到纳管标准排入城镇污水处理厂。排污口整治后的处理设施如图 2 所示。

（4）整治成效

排污口整治后厂区环境基础设施进一步完善。通过全面改造雨污水管网，雨污彻底分流；清理合并了沿河多个雨水排口，厂区保留 1 个雨水排口，雨水经沉淀后排放，进一步规范了雨水排放；同时雨水排口设置闸阀，可有效应对事故废水直排河道等环境突发事件。

---

① 1 亩 ≈ 666.7 m²。

（a）整治前

（b）整治后

图1　排污口整治前后对比

图2　排污口整治后——处理设施

（5）效益和长效监管分析

全面提升废水回用水平。衣服集中洗涤项目配套建设废水处理设施，废水经深度处理后回用于洗涤生产线，回用率超过 60%，有效减少了废水排放量，同时节约了水资源。

共同推进企业环境管理。就近利用电厂蒸汽集中供热优势，引入衣服集中洗涤项目。承租人落实衣物洗涤作业各项环境管理要求，加强废水处理设施运行维护。出租人负责厂区雨污管网基础设施的建设与运维，加强对承租人的服务与管理，共同推进企业环境管理，打造环境友好型企业，提升地块发展品质。

案例 6

泰州市靖江市某钢铁公司排口整治工程

（1）基本情况

排污口类型：工业企业雨洪排口。

地理位置：江苏省泰州市靖江市 336 省道沿江路南侧。

责任主体：靖江市某钢铁公司。

主管部门：泰州市靖江生态环境局。

污染来源：厂区雨水排口。

（2）问题分析

该公司厂区东侧为三圩港、西侧为四圩港，厂内有污水处理设施，存在雨污混流排入港口的风险隐患。

（3）整治措施和整治过程

该公司厂界周边共有 4 个雨水排口，保留 2 个用于厂区河道防洪排水，另外 2 个实施封堵。新建厂区雨水系统均采用动力泵控制，并安装水质在线监测设备，平时与外环境不连通，只在夏季连续降水，厂区雨水管网积水超量时才外排入河。为确保所有生产废水不外流，厂区内实施雨污分流，企业在每个产污点建设收集池和收集箱，敷设近 2 km 管道，将生产废水经提升泵输送至厂区综合污水处理中心集中处理。厂区综合污水处理中心采用活性炭 + 臭氧氧化 + 膜过滤工艺，每小时收集处理污水 450 t，每小时产生 410 t 中水回用到各生产环节作为补充新水使用，每月节约用水 295 200 t。对码头原有雨污水收集系统进行改造，改造后雨水通过码头泄水孔排入下方的 $\phi219$ 支管，先汇集到码头北侧 10 只 6 m^3 的雨水收集箱，经增压泵将其输送到收集箱上方的 $\phi508$ 主管，排入引桥北侧的雨水收集池，经初次沉淀后再通过管网排入企业的综合污水处理中心进行处理。

（4）整治成效

通过系统改造和治理，公司码头雨污水全收集、"零排放"，从源头解决作业平台污染物直排长江的风险隐患。

（5）效益和长效监管分析

随着《中华人民共和国长江保护法》出台后对厂区雨污分流方面的严格管控，公司通过一系列关于雨污分流系统的治理，在保护环境的同时避免了自身违法排污被查处的风险。2021 年，江苏省综合运输交通学会给公司颁发了"江苏绿色港口（四星）"证书，不仅有效提升了企业良好的形象，也增强了公司的竞争优势。

公司码头雨污水收集处理系统不仅解决了码头作业平台初期雨水污染风险隐患问题，也为长江沿岸其他港口码头污水直排问题治理提供了可复制、可借鉴、可推广的经验做法。

排污口整治前后对比如图 1 ～图 4 所示。

图 1　排污口整治中

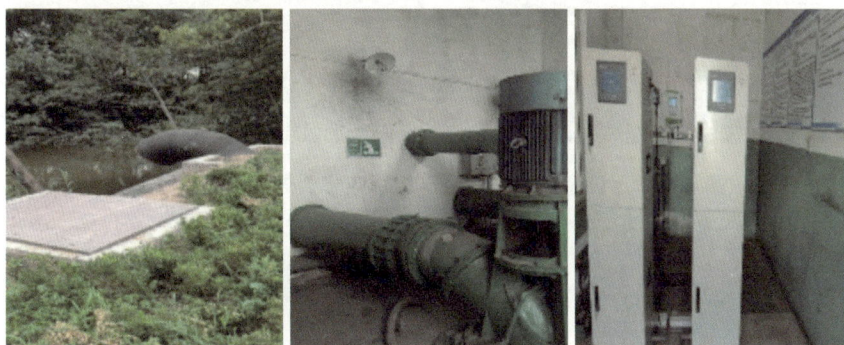

图 2　排污口整治后——保留的 2 个雨水排口

图 3　排污口整治后——提升泵与水质自动监测设备

图 4　排污口整治后——生产废水收集、处理、回用系统

第

3 章

规范整治类案例

《入河入海排污口监督管理技术指南 整治总则》（HJ 1308—2023）规定，存在以下情形之一的，对排污口予以规范整治：一是使用该排污口的排污单位未按规定排放污水；二是排污口对应的排污通道不规范；三是口门建设不规范；四是排污口设置影响水生态环境质量。我们对长江流域规范整治类案例进行了梳理，按照工业污水收集处理能力提升、工业厂区雨污混排整治、生活污水收集处理、养殖尾水治理、城镇生活雨污混排整治、农村生活雨污混排整治、港口码头污水收集处理、废弃排污口整治8种情形介绍了33个案例。

3.1 工业污水收集处理能力提升

工业企业的污水排放一直是生态环境部门监管的重点。总体来说，我国工业企业的污水收集、处理和排放管理较为规范，但从长江流域排查情况来看，仍存在一些收集处理能力不足的问题，主要包括以下3种情形：一是老旧工业园区污水收集处理能力不足问题。随着时代的发展，一些老旧工业园区往往存在部分企业低质低效甚至濒临倒闭的问题，园区内污水收集处理能力不足等问题凸显，企业通常又无力解决。二是工业企业污水收集处理设施老化问题。污水收集处理设施达到一定年限后，会产生设施老化、运营不善等问题，难以保障达标排放。三是工业企业生活污水未收集处理的问题。排查发现，部分工业企业仍存在生活污水直排的问题。本节的3个案例主要针对以上3种情形进行了介绍。

案例 7

常州市新北区肖龙港河肖龙港闸排口综合整治工程

（1）基本情况

排污口类型：沟渠、河港（涌）、排干等。

地理位置：江苏省常州市新北区常州滨江经济开发区新材料产业园内。

责任主体：江苏省常州市滨江经济开发区管理委员会。

主管部门：江苏省常州市滨江经济开发区管理委员会。

污染来源：雨水。

受纳水体环境管理要求：《地表水环境质量标准》（GB 3838—2002）Ⅴ类水质标准。

（2）问题分析

肖龙港河沿线部分企业雨污分流系统不够完善，雨水排放控制、污染物监测不够精准和规范。2018—2019 年肖龙港闸水质监测数据均值分别是化学需氧量 30.47 mg/L、氨氮 0.569 mg/L、总磷 0.059 mg/L，属Ⅴ类水，成为长江生态环境安全的风险与隐患。

（3）整治措施和整治过程

排口整治前后对比如图 1～图 3 所示。

肖龙港河肖龙港闸排口综合整治工程结合长江排污口整治和长江大保护两项工作开展，2019 年开工，2021 年竣工，投入资金约 4.5 亿元。该工程主要整治内容包括：淘汰拆除低质低效企业 4 家；在沿江沿河企业腾退区完成约 800 亩覆绿工程建设；园区企业开展雨水"明沟化"、污水"明管化"改造，雨污排口安装在线监测和视频监控设备实时监管；在肖龙港闸口建设地表水自动监测站，实时监测入江水质（图4）；制定排涝泵站排水管控办法，升级智慧园区管理平台，完善沿江水环境厂区、园区、缓冲区三级防控体系。

图1 排口整治前——肖龙港河和肖龙港闸排口

图2 排口整治后——800亩生态缓冲区

图 3　排口整治后的肖龙港河

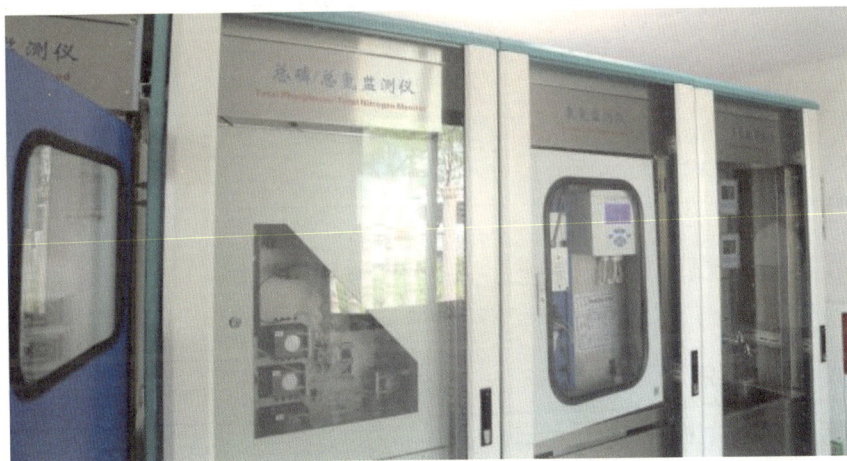

图 4　新建的肖龙港闸水环境自动监测站

（4）整治成效

综合整治工程完成后，肖龙港河水质得到明显改善。2022 年水质监测结果显示，高锰酸盐指数为 2.9 mg/L、氨氮为 0.123 mg/L、总磷为 0.03 mg/L、化学需氧量为 11 mg/L，稳定达到《地表水环境质量标准》Ⅲ类水质标准。

（5）效益和长效监管分析

常州市滨江经济开发区响应常州市破解"化工围江"的"停、转、拆、绿、提"五大行动，拆除沿江低质低效化工企业，全面建设沿江十里生态长廊，取得了显著的生态效益与社会效益，人民群众满意度不断攀升，实现"工业锈带"向"生态绣带"的转变。

肖龙港闸排口整治以长江大保护为核心，实施了一批长江大保护项目，不仅对肖龙港闸排口周边进行环境整治，还汇集管控保护、主题展示、文旅融合、传统利用等功能，打造沿江生态绿色文化带，形成沿江生态环境缓冲区。目前沿江风景已成为市民亲江临江的打卡点，同时为长江沿岸排涝泵、闸站排口治理提供了经验做法。

案例 8

贵阳市某废弃煤矿废水处理厂入河排污口整治

（1）基本情况

排污口类型：工矿企业排污口。

地理位置：贵州省贵阳市李家冲河入百花湖口上游 1 千米。

责任主体：贵阳市某煤矿。

主管部门：贵阳市生态环境局。

污染来源：煤矿废水。

（2）问题分析

2011 年，贵阳市认真贯彻落实《国务院关于进一步加强淘汰落后产能工作的通知》（国发〔2010〕7 号）要求，依法关闭了该煤矿。随着煤矿的关停，配套建设的废水处理站也随之停用，大量含铁酸性废水直排李家冲河，改变了水体pH，妨碍水体自净，对河道沿岸植被及河道内生物生长造成毁灭性打击，同时形成了黄色的污水带，严重影响了当地村民的生产生活以及百花湖的生态环境。该煤矿治理工作存在的困难和问题主要有：

一是水质、水量变化大。贵阳市是典型的喀斯特地貌城市，地下岩溶发达、水文地质条件复杂，煤矿废水水质、水量受降水量的影响较大，降水量大时水量大、污染物浓度低；反之降水量小时水量小，污染物浓度高，治理难度大。二是源头治理难落实。由于该煤矿年代久远，设计资料缺失，若采取人工进入矿井实施源头治理，将无法保证施工人员的人身安全，不具备源头治理的条件。三是现有手段成效低。从其他煤矿酸性废水治理模式来看，主要有植物吸收、投放生石灰、矿井填石灰石、分流地下水以及封堵等方式，但均存在不足之处，难以达到治理效果。植物吸收需要占用大量土地建设湿地系统，山区城市难以提供大面积土地，且由于吸收量固定，无法应对煤矿废水水质、水量的变化；投放生石灰需要精准把握水质、水量的变化，一旦超量投放，将产生一系列新的环境问题；矿井填石灰石属于源头治理，石灰石与煤矿废水发生化学反应后，会在石灰石表面形成络合物而失效，需要频繁进入矿井更换石灰石，无法保障施工安全；因煤矿开采改变了原有的水文地质条件，又缺乏开采设计资料，难以实现地下水精准分流；同时，贵阳市长江入河排污口两处为废弃煤矿酸性废水，经专家论证后采取封堵的方式进行治理，但受喀斯特地貌影响，一段时间后会重新出现涌水，封堵的方式同样无法达到根治的目的。2016 年，为解决该煤矿废水直排问题，观山湖区政府建成一座处理规模 200 t/d，工艺为"沉砂＋好氧＋厌氧＋湿地系统"的"被动处理"

设施，由于当时缺乏治理经验，对水质、水量变化情况掌握不够精准，导致设施无法处理每天约 4 500 t 的酸性废水，运行一段时间后，沉淀池污泥堵塞严重、湿地系统植被全部死亡，设施基本处于废弃状态。如何有效防止酸性废水直排入河，成为贵阳市迫切需要解决的问题。

（3）整治措施和整治过程

2021 年，贵阳市深刻吸取了前期治理失败的经验教训，按照科学治污、精准治污的原则，重新统筹谋划，多渠道寻求对策。一是前往四川省广元市实地调研。贵阳市生态环境局成立调研小组，前往四川省广元市实地调研，认真学习了广元市废弃煤矿酸性废水治理的成功经验。二是邀请专家现场调查。多次邀请中国环境科学研究院、贵州大学、贵州省环境科学研究院专家到煤矿现场开展调查，经过多轮现状调查、数据分析、实验模拟、技术比选、工艺效能核算，结合广元市治理经验，最终确定采用工艺相对成熟的化学法进行末端收集处理，并作为全市废弃煤矿酸性废水治理试点项目。

试点项目批复投资 2 098.12 万元，其中，直接工程费用 1 195.45 万元，5 年运维费 625.48 万元。项目资金由市级流域生态补偿资金支持 1 372.634 万元、省级流域生态补偿资金支持 604.55 万元。项目内容为建设一座规模为 4 500 t/d 的废水处理设施，工艺为"沉砂＋调节＋中和沉淀＋曝气氧化＋絮凝沉淀"，设计进水浓度总铁 ≤ 30 mg/L，5 ≤ pH ≤ 7.5，SS ≤ 150 mg/L，出水指标总铁执行《贵州省环境污染物排放标准》（DB 52/864—2022）表 1 直接排放限值 1 mg/L，其他指标执行《煤炭工业污染物排放标准》（GB 20426—2006）。

排污口整治前后对比如图 1 所示。

（4）整治成效

2022 年 12 月，项目正式建成投运，并在尾水排放口安装了在线监控设备，接入贵州省污染源平台，同时，完成了入河排污口规范化建设，并设置了标识牌。

排污口整治前——废水直排入河　　　　　排污口整治后——稳定达标排放

调节池进水水质现状　　　　　　　　　　清水池出水水质现状

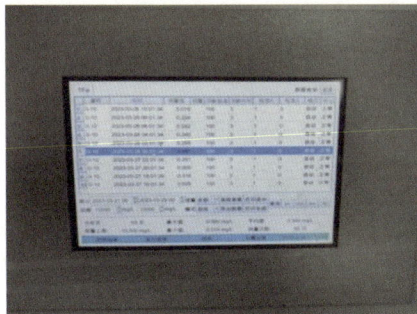

在线监控设施正常运行　　　　　　　　　　入河排污口标识牌

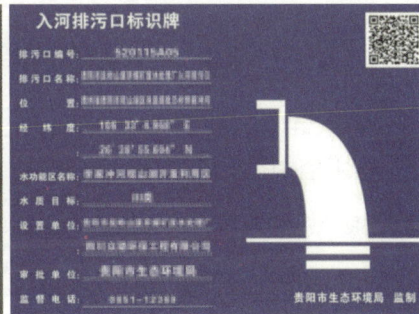

图1　排污口整治前后对比

数据显示，处理前废水主要超标因子为总铁，浓度为 24.16 mg/L，最大超标达 20 余倍，水质呈明显酸性，处理后总铁排放浓度低于 0.5 mg/L，pH 达到中性，每天可为百花湖重要支流李家冲河补充约 4 500 t 清洁水源，有效提升了李家冲河水环境质量，极大地保护了百花湖饮用水水源生态环境。

（5）效益和长效监管分析

贵阳市作为贵州省长江入河排污口示范地区，以该煤矿试点项目为契机，打造出喀斯特地区废弃煤矿废水排污口治理样板，实现矿坑废水向生态补水的巨大转变，凝练出"现状调查精准、污染分析精准、治理工艺精准"的宝贵经验。2023 年，生态文明贵阳国际论坛期间，该煤矿试点项目被"跨越未来·让世界看见贵州暨全国媒体生态行融媒体直播采访活动"作为先进经验进行报道。目前，贵阳市花溪区、观山湖区多处废弃煤矿酸性废水在该煤矿试点经验的基础上，正在稳步推进治理。

案例 9

潜江市某公司工业生活污水排污口整治

（1）基本情况

排污口类型：工矿企业排污口。

地理位置：潜江经济开发区化工园区（国家级）。

责任主体：湖北省潜江市某公司。

主管部门：潜江市生态环境局。

污染来源：厂区生活污水。

受纳水体环境管理要求：《地表水环境质量标准》（GB 3838—2002）Ⅲ类水质标准。

（2）问题分析

排查整治发现该企业废水已进入污水处理厂处理，而对于生活污水收集处理不足，污水排放对汉南河存在一定风险隐患。

（3）整治措施和整治过程

结合潜江经济开发区化工园区"一企一管"污水治理项目规划，潜江市生态环境局对企业污水排放情况开展专项整治行动，对企业生活污水排口实施完全封堵。企业投入 80 万元完善生活污水收集、处理、输送设施，办公区、值班楼、食堂等产生的生活污水经污水管网流入厌氧池，经过厌氧菌作用进行降解，厌氧池上层清液经溢流进入收集池，预处理后的废水泵送至企业终端污水处理站。企业终端污水处理站采用短程硝化 + 前置反硝化 A/SBR 工艺进行处理，处理能力为 400 m³/h，企业生活污水、各工段生产废水、工艺冷凝液等产生的废水通过集中处理后，经过在线监测站分析、计量达到纳管标准后用泵送至园区工业污水处理厂。

排污口整治前和整治情况如图 1 ～图 3 所示。

图 1　排污口整治前

图 2 企业生活污水收集、处理、输送设施

图 3 企业终端污水处理站生化装置

（4）整治成效

通过新增生活污水收集、处理、输送装置，将全部生活污水用污水泵送至企业终端污水处理站进行生化处理，处理达标的尾水再送至园区工业污水处理厂处理，实行生活污水"零排放"，从源头解决污水对汉南河的污染。

（5）效益和长效监管分析

通过建设污水管网，新增生活污水收集处理设施，对工业废水和生活污水实施分流措施，建设一体化污水处理设施和在线监测设备，收集企业生活污水进行预处理，污水经处理达标后排入工业污水处理厂，对排污口水质实时监控，有效杜绝了生活污水无序排放、超标超量排放。

3.2　工业企业厂区雨污混排整治

工业企业厂区雨污混排是影响长江流域水环境安全的重要隐患。厂区雨污分流系统不完善、初期雨水未收集处理、污水管网破裂、管网淤堵等情形是需要规范整治的重要内容。本节介绍的 3 个案例，是企业针对初期雨水收集不足、雨污分流系统不完善等问题，通过雨污分流改造、雨水管网清淤疏通、安装在线监测设备等方式，开展规范化整治。

案例 10

扬州市江都区某公司厂区雨水排口整治工程

（1）基本情况

排污口类型：工矿企业排污口。

地理位置：江苏省扬州市江都区经济开发区三江大道。

责任主体：扬州市江都区某公司。

主管部门：扬州市江都区生态环境局。

污染来源：厂区雨水。

（2）问题分析

该公司为从事农药原料生产的规模以上化工企业。经排查溯源发现，该企业雨污分流系统不够完善，雨水排放控制和污染物监测不够精准、规范，雨水稳定达标排放存在隐患，对长江水环境安全构成一定风险。

（3）整治措施和整治过程

该公司投入约 58 万元，实施雨水管网清淤疏通和雨污分流系统维护改造。安装雨水排放控制自动闸阀、视频监控设施和流量计，新建雨水排口监测站房，并按生态环境部统一规定设置排污信息公开标识牌；安装一套雨水在线监测设备（监控指标为 pH、COD），与生态环境部门联网，同时严格执行污染物自行监测制度、规范制定落实雨水自测计划和排放管控措施。

排污口整治前后对比如图 1～图 5 所示。

（4）整治成效

工程竣工后，通过雨水口排放监测终端可以监测 pH、COD、流量等参数，厂区雨水明沟化、可监控化，实现雨水排放全过程追溯。初期雨水进入雨水收集池后送至厂内污水处理站处理，减少初期雨水的污染，改善了厂区及周边的生态环境。

图 1　排污口整治前——排污口　　图 2　排污口整治后——雨水收集池

图 3 排污口整治后——标识牌和视频监控   图 4 新建在线监测站房

图 5 排污口整治后——厂区

（5）效益和长效监管分析

随着《江苏省重点行业工业企业雨水排放环境管理办法（试行）》的出台，江苏省对工业企业雨水排放管控更加严格，化工企业强化初期雨水收集处理，在保护环境的同时避免了违法风险。通过收集与分析监测数据，企业可以发现生产过程中的潜在问题，优化生产工艺，并进行持续改进，实现雨水排放达到排放标准。

工业企业雨污分流不彻底导致污染雨水外流问题是长江入河排污口排查整治工作中发现的一个突出环境问题，对长江干流生态环境的影响不容忽视。该企业雨水整治项目工程，不仅解决了该企业初期雨水污染风险隐患问题，也为长江沿岸其他大型工业企业雨污治理提供了可复制、可借鉴、可推广的经验做法。

案例 11

咸宁市嘉鱼县武汉新港潘湾工业园区排污口整治

（1）基本情况

排污口类型：工业排污口和沟渠。

地理位置：湖北省咸宁市嘉鱼县武汉新港潘湾工业园。

责任主体：潘家湾镇人民政府。

主管部门：咸宁市生态环境局、咸宁市水利和湖泊局。

污染来源：企业生产废水、生活污水、厂区和周边雨水。园区内共有长江入河排污口 31 个，其中工业排污口 24 个，沟渠河港（涌）排干类 7 个。经溯源核查，工业排污口主要排放厂区企业生产废水、生活污水及厂区雨水，沟渠河港（涌）排干类主要收集周边雨水。

（2）问题分析

在对武汉新港潘湾工业园区长江入河排污口的排查整治中，发现该园区存在工业企业雨污分流不彻底、沟渠水质超标等问题。通过现场溯源发现，要根治园区污染问题需从清除历史遗留污染、解决企业雨污分流不彻底两方面入手。

（3）整治措施和整治过程

开展园区污水管网改（扩）建。嘉鱼县投资 5 000 余万元开展园区污水主管网明管架设与"一企一管"建设，完成园区污水收集管网改（扩）建，共建设污水主管网 18 km、支管网 27 km，彻底完成园区内企业雨污分流改造，将污水通过地上管道输送至园区污水处理厂。

全面清洗园区雨污水管网。对园区地下雨水管网、污水管网、雨污水井、周边沟渠进行了全面疏通清洗，共清洗雨水井 414 个，疏通地下雨水管网 13.371 km；清洗疏通地下污水管网 9.03 km 和污水井 192 个，园区内企业雨水排口按厂区面积科学设置，并严格落实"一企一口"编号、登记和备案工作。

全面整治园区周边沟渠。采取筑坝封堵、抽水排汲、调度储蓄、水系畅通、堤岸整治绿化等方式，重点对王家港泵站—两虎、两虎—朗迈、朗迈—湘汉、湘汉—佳记 4 段主渠和一枝花—椿岭 1 段支渠进行整治，完成渠道清淤约 7 km。

全面落实"一企一管"。园区所有企业实行"一企一管"管理，确保废水全部收集、不外排，经企业内部污水预处理设施处理后统一输送至污水处理厂深度处理，达到《城镇污水处理厂污染物排放标准》（GB 18918—2002）一级 A 标准后排放。

园区整治情况如图 1～图 5 所示。

图 1　管网清洗

图 2　沟渠清淤

图 3　岸坡护砌

图 4　园区"一企一管"主管网

（4）整治成效

通过整治，武汉新港潘湾工业园区在运行企业实现了"五个必须"，即企业必须雨污分流；企业必须自建污水预处理设施，且生活污水全部进预处理设施处

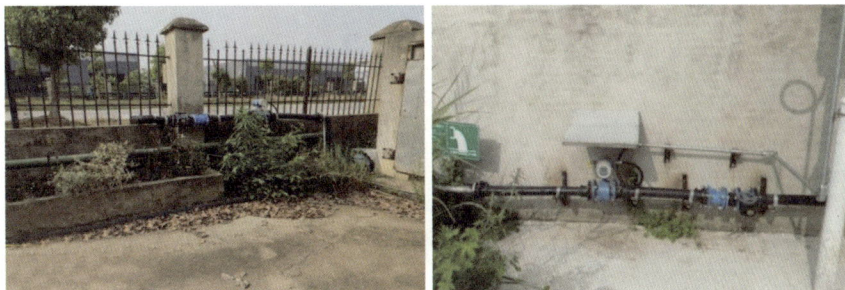

图 5　企业落实"一企一管"

理；企业内部污水管网必须明管架设；企业污水排口必须安装在线监测设备；企业污染防治设施必须实行用能监测。目前，工业园区雨水管网和明渠水体 COD、氨氮、总磷、pH 等指标明显改善。

（5）效益和长效监管分析

工业园区管理得到全面提升。围绕"港产城一体化"，高标准调整工业园区总体规划、产业发展规划等 16 个相关规划，聘请专家编制了工业园区危险化学品建设项目安全准入条件和项目管理制度，进一步明确企业进驻工业园区标准。根据工业园区安全隐患导则及相关规范制定"一园一策"整治提升方案，不断提高企业工艺先进性、设备安全性，助推工业园区安全可持续发展。

工业园区转型升级全面加速。坚持企业退出回购与招商工作统筹推进。一方面，通过政策宣传和严格监管，"倒逼"无法达标生产企业自主退出，依法依规加快企业退出回购工作。工业园区原 78 家化工企业，现已清退回购 33 家，整改提升 6 家，停产整顿 39 家。另一方面，积极对接武汉东湖新技术开发区和武汉经济技术开发区，瞄准行业龙头企业和产业链关键企业，招引一批优质企业进驻工业园区，推进工业园区转型升级。

案例 12

潜江经济开发区某公司氯碱厂区雨水总排口整治

（1）基本情况

排污口类型：工矿企业雨洪排口。

地理位置：湖北省潜江市潜江经济开发区。

责任主体：潜江市某公司。

主管部门：潜江市生态环境局。

污染来源：厂区雨水。

（2）问题分析

该公司占地 390 亩。现有年产 5 万 t 离子膜烧碱、2.9 万 t 甲基苯胺和 1 万 t 二（三氯甲基）碳酸酯生产能力。在长江入河排污口排查整治中，发现氯碱雨水总排口无初期雨水收集池，生产装置雨污分流不彻底，雨水总排口无法保存可能被污染的雨水，导致污染物流入汉南河中，主要污染物监测指标包括 COD、氨氮、pH 等。

（3）整治措施和整治过程

该公司投资 130 万元完善了厂区的雨污分流系统及管网建设，修复和改善了厂区雨水管网，在各个生产装置区分别修建了雨污分流池，避免污水进入雨水系统中；投资 108 万元在氯碱厂区雨水总排口前端修建了初期雨水收集池及配套设施，有效收集了初期雨水，并将其输送至氯碱废水处理站处理达标后排放；同时，在雨水总排口处建设收集池，在出口处增设闸阀，并在收集池中安装回收泵，当雨水指标检测合格时，开闸放水，雨水指标不合格时，用回收泵将雨水输送至氯碱废水处理站进行处理。

排污口整治前后对比如图1～图3所示。

图1　排污口整治前——氯碱雨水总排口　　图2　新建初期——雨水收集池

图3　排污口整治后——氯碱雨水收集池

（4）整治成效

通过对雨水系统进行改造和完善，当暴雨来临时，各生产装置区按雨污分流操作法进行严格操作，含污水的初期雨水流入污水系统，15 分钟后，关闭污水阀，开启雨水阀门，雨水通过雨水管网汇流到雨水总排口；其他不含污水区域 15 分钟前的初期雨水，经过雨水系统汇入初期雨水收集池，15 分钟后流入雨水总排口收集池。雨水总排口经检测人员检测合格，方可开启阀门排放，若检测不合格，则启动回收泵将雨水输送至氯碱污水处理站进行处理，确保雨水总排口雨水达标排放。

（5）效益和长效监管分析

通过对雨水系统进行改造和完善，有效控制了厂区内雨污混流现象，确保了总排口雨水达标排放，减少了厂区向汉南河流域的污染排放隐患。

3.3 生活污水收集处理

《长江入河排污口整治行动方案》要求，到 2025 年年底前，沿江城市建成区（含直辖市城区）基本消除生活污水直排口和收集处理设施空白区，切实解决污水违规溢流直排问题。生活污水收集处理核心是管网建设和处理设施建设。在城镇地区，污水处理设施建设相对较完善，重点是解决管网接入的问题；在农村地区，应因地制宜，重点解决污水就近处理的问题。本节分别介绍了 4 个城镇生活污水收集处理案例和 4 个农村生活污水收集处理案例。

3.3.1　城镇生活污水收集处理

案例 13

长沙市罗家湖泵站重建改造及桃子湖治污项目（一期）

（1）基本情况

排污口类型：城镇雨洪排口。

地理位置：湖南省长沙市岳麓区橘子洲街道潇湘中路。

责任主体：橘子洲街道办事处。

主管部门：长沙市住房和城乡建设局。

污染来源：罗家湖泵站。

受纳水体环境管理要求：《地表水环境质量标准》（GB 3838—2002）Ⅲ 类水质标准。

（2）问题分析

①泵站原状建设标准偏低。泵站建设初期设定为临时泵站，排渍能力不足，造成新民路、爱民路、学堂坡路常年在雨季时城市内涝和泵站合流水倒灌桃子湖。

②周边水生态环境恶化。泵站院落狭小，前端合流明渠输送通道无遮盖和防臭措施，蚊虫滋生、臭气熏天，导致泵站院落明渠成为城市黑臭水体，周边居民怨声载道、投诉不断，严重影响城市排水安全及居民生活环境。

③汇水区排水管网历史欠账较多。泵站汇水范围原有排水管网复杂，存在雨

污合流、高低混排、错接漏接严重等现象，管道结构性、功能性缺陷较大，难以满足片区排水要求。

④排水设施老旧，安全隐患大。汇水区域原市政（含背街小巷）排水管网多为 20 世纪 70 年代建设，特别是学堂坡路、爱民路地下砖砌拱涵年久失修，拱涵已出现大面积砖体脱落、顶部脱空等现象，造成路面出现裂缝较大、沉降不均匀等。如不及时处理，随时都可能发生坍塌等安全事故。

⑤合流水倒灌桃子湖造成水质差。随着片区发展规模的壮大，原罗家湖泵站抽排能力不足，雨季泵站合流水倒灌桃子湖，对湖体水质造成严重污染，加重湖体水质负担。

（3）整治措施和整治过程

①科学设计，打造高智慧化泵站。结合周边发展和片区排水规划，改造泵站（图 1）：一是扩大泵站院落占地面积至 5 000 m²，拆除原泵站院落 3 栋办公建筑 2 500 m²；二是增设 5 000 m³ 调蓄前池，全面实施雨污分流，泵站排渍能力由原来的 7.3 m³/s 扩大到 19.2 m³/s，污水泵站提升规模达到 1.72 万 t/d；三是新建泵站配套用房 1 500 m²，改造泵站院落道路、景观等配套设施。

②精准治水，全面实现雨污分流。委托专业管网排查单位对泵站汇水范围市政道路（含背街小巷）、老旧小区、学校和企事业单位地下排水管网进行普查，同步对综合管线进行系统调查。设计单位根据普查结果编制可行性整改设计方案，经组织多轮专家咨询和论证，最终明确片区全面实施雨污分流改造（图 2）：一是对桃子湖周边增设 DN 2000 雨水管 850 m；二是通过分别对学堂坡路、爱民路重建 DN 2400 雨水管 1 000 m、DN 800 污水管 875 m，构建雨污分流体系；三是对湖南师大茶山村、湖大民主村、天马西村和凤凰山庄等 20 个小区从立管到地下管网进行全面雨污分流改造，缓解了城市内涝问题。

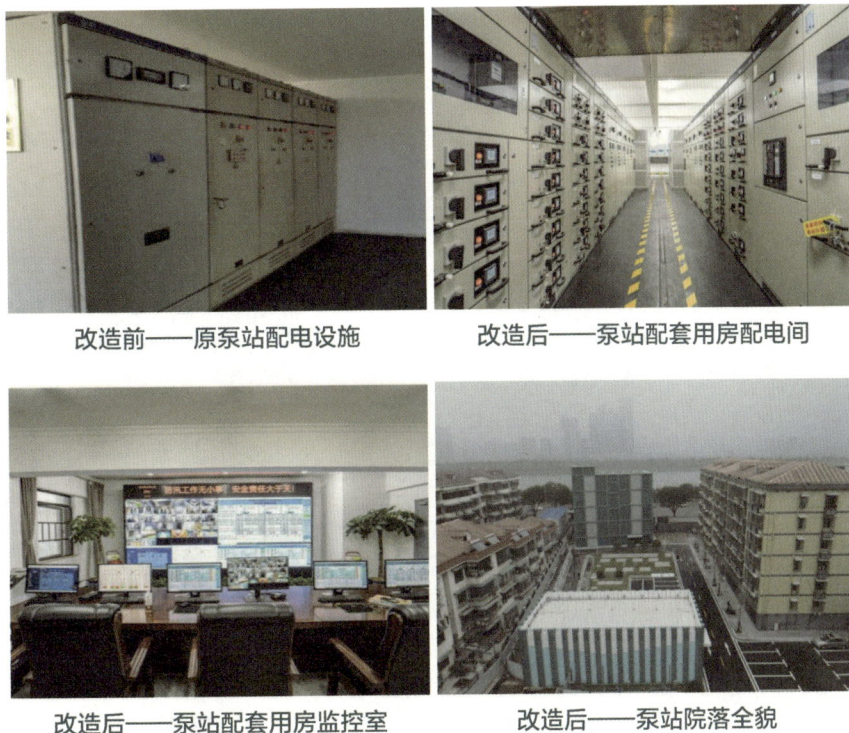

改造前——原泵站配电设施   改造后——泵站配套用房配电间

改造后——泵站配套用房监控室   改造后——泵站院落全貌

图 1　泵站改造前后对比

③精细施工，攻坚克难打造安全工程。该项目位于城市核心区域，施工作业面紧邻居民楼、学校、办公楼，市政道路狭窄、车流量大成为本项目实施的难点。全体参建单位精细化管理，科学铺排施工计划，制定三步实施方案：一是泵站主体工程建设。泵站建设位于一级防洪区域，且调蓄池与周边房屋最近距离仅为 4.5 m，项目克服了时间紧、场地小、设备多，在确保安全施工的同时兼顾泵站调蓄同步，科学制定实施方案，利用非汛期的 4 个月时间，完成了 13 m 深的调蓄池建设。二是市政管网的改造。本次市政管网改造中学堂坡路的改造最为重要，该道路总宽约 6 m，周边涉及以该路段为唯一出行通道的小区、单位共计

（a）改造前　　　　　　（b）改造中——桃子湖周边管道施工

（c）改造中　　　　　　　　（d）改造后

图2　雨污分流改造前后对比——桃子湖

9个，且道路地下为20世纪70年代老砖砌拱涵，结构破损严重，多段存在断面断节的现象，随时有垮塌的风险，需要在确保交通畅通、确保周边建筑物安全、确保学校教学秩序上狠下功夫，改造完成后不仅确保了管网的布局，而且解决了周边道路安全隐患，提升了城市品质。三是老旧小区雨污分流改造。对汇水区内20个老旧小区管网进行了改造，施工过程中积极对接街道、社区、居民代表及自来水、燃气、电力等权属部门，实现了综合管网同步改造，在确保排水管网改造的同时，对老旧小区道路、绿化、停车位及无障碍通道进行了提质改造。

改造前后对比如图3～图5所示。

（a）改造前——原泵站压力管道　　　　（b）改造前——原泵站进水前池

（c）改造中——调蓄池施工　　　　（d）改造中——设备安装施工

（e）改造后——调蓄池　　　　（f）改造后——原泵站进水前池处

图 3　市政网管改造前后对比

（4）整治成效

①消除安全隐患，提升泵站功能。重建后的泵站排渍能力达到 19.2 m³/s，比

（a）改造前——学堂坡路砖砌拱涵　　　（b）改造后——学堂坡路钢管顶管

图4　学堂坡路改造前后对比

（a）改造前　　　　　　　　　　　　（b）改造后

图5　茶山村小区改造前后对比

原来提高近3倍，建成后的泵站实现智能化，全面实现智慧水务，提高工作效率，可减少80%的人工工作量，且泵站改造完成后片区内全面消除了城市内涝风险。

②消除污染隐患，确保水质达标。泵站改造后解决了一些与水质有直接关系的污染隐患：一是降低了泵站溢流频次，杜绝了原泵站溢流污水直排湘江的问题；二是解决了泵站溢流合流污水倒灌桃子湖对景观水质的影响；三是彻底解决了原明渠黑臭水沉积对周边住户的影响；四是实现了排水系统提质增效，通过雨污分流改造，提升了污水收集率，缓解了污水处理厂污染物浓度偏低的问题，同时通

过本次项目改造为后续城市排水管网建设树立了示范标杆。

③提升了城市品质，改善人居环境。改造过程中全面征求街道、社区、居民代表意见，同时积极对接自来水、燃气、电力等权属部门，对老旧小区道路、电力、自来水、停车位、无障碍通道和路灯等设施一并改造，让老旧小区旧貌换新颜，实现了"路灯亮了，电力稳了，交通畅了，群众笑了"的工作目标，岳化宿舍等老旧小区的居民代表纷纷向项目部赠送锦旗表示感谢。

（5）效益和长效监管分析

①提升社会效益。本工程实施后，收集进入岳麓污水处理厂的污水为分流制污水，污水的污染物浓度高、水质水量相对稳定，对污水处理厂的冲击小，利于污水处理厂运行管理和片区节能减排；有效地改善城区环境，提升了群众生活品质，减少了环境污染投诉，营造了良好的社会效益；解决了道路结构隐患，及时消除了因地质灾害可能导致的群死群伤的恶性安全隐患。

②提升环境效益。减少排入桃子湖和湘江水体的污染物，桃子湖水体的水质会明显提升，恢复生态功能，提升景区的品质。

③提升经济效益。一是通过本次改造，降低了污水处理厂的污水处理量，减少了运营成本，实现了提质增效；二是提高了景区游客量，通过对桃子湖水体整治，让景区水质得到了明显的提升，增加了游客观摩量；三是提升了周边街商的活力，通过老旧小区、街区改造，让街区微商业得到了有效的激活，经统计，改造后片区内小餐饮、超市等门店新开量上浮 15%，也增加了老旧小区二手房交易量和出租量。

项目改造完成后，安排责任部门和第三方专业维护公司开展日常"双巡查"工作，发现问题立即交由相关业主单位整改，形成巡查、交办、整改、验收销号的"闭环机制"；同时开展督查和考核工作，确保长效管理工作落实到位。

案例 14

永州市文昌阁寺庙东南排污口整治

（1）基本情况

排污口类型：城镇生活污水排污口。

地理位置：湖南省永州市冷水滩区菱角山街道文昌阁路 458 号。

责任主体：永州市城管局下属某污水处理公司。

主管部门：永州市城市管理局。

污染来源：下河线片区及凤凰园片区居民生活污水。

受纳水体环境管理要求：《地表水环境质量标准》（GB 3838—2002）Ⅲ类水质标准。

（2）问题分析

文昌阁寺庙东南约 140 m 生活污水排污口整治前，排污口及其周边因为大量污水经常性排放，江水水质较差，排污口附近及排污口下游江段存在明显异味，附近居民甚至在夏天不敢开窗，生态环境问题或环境风险明显。

（3）整治措施和整治过程

实施文昌阁分水工程，完成污水提升泵站两处，沿文昌阁铁路线—永州大道（文昌阁路—规划支路）敷设 D 500 管道共 2 820 m，将文昌阁泵站处污水抽排至永州大道与零陵北路交会处的污水主管道，最终随竹林路 D 1800 污水干管排至污水处理厂。自 2022 年起，永州市在排污口所在地又开始实施湘江西路的建设，同时新建了城市纳污干管，该排污口上游的污水已基本进入新的纳污干管，原截污泵站将逐渐退出，污水已全部进入污水处理厂，彻底解决了该排口的污水排放问题。

排污口整治前后对比见图 1。

文昌阁排污口整治前

文昌阁排污口整治中

文昌阁排污口 2 号泵站

文昌阁排污口整治后

图 1 文昌阁排污口整治前后对比

（4）整治成效

文昌阁寺庙东南约 140 m 生活污水排污口整治之后污水基本截流，除下大雨期间偶有雨水溢出外，基本上不再排水，附近居民反映已彻底解决周围异味问题，排污口周边环境改善明显，人民群众非常满意。

（5）效益和长效监管分析

该入河排污口原本是河西最大的一个下水道入江口，每天排水量 1 200 t 以上，水量大、水质差，因脏、臭原因，排污口附近及下游江段成为居民沿江游玩的一个禁区，经过截流整治后，排污口附近及下游江段逐渐恢复人气，附近居民可以随意享受江边漫步的休闲时光。该排污口总投资及工程实施成本性价比相对较高、实施周期短、解决问题大，后期维护成本较低，主要成本只是设备维护及运营电力成本，作为民生工程运营及维护成本完全可以接受。对于因地势原因无法截流的污水，纳污管网短期内无法改造铺设到位的地区，采用泵站截污后泵送至纳污主管的方式是解决问题的较好方法，值得推广。

案例 15

宜宾市南岸污水处理厂整治

（1）基本情况

排污口类型：城镇雨洪排口。

地理位置：四川省宜宾市叙州区南岸街道航天社区。

责任主体：南岸街道办事处。

主管部门：南岸街道办事处。

污染来源：宜宾市叙州区南岸街道航天社区雨水。

受纳水体环境管理要求：《地表水环境质量标准》（GB 3838—2002）Ⅲ类水质标准。

（2）问题分析

2007 年，宜宾市南岸污水处理厂建成投运，设计处理规模 5 万 t/d，入河排污口就近设置于长江干流岸边，位于长江上游珍稀特有鱼类国家级自然保护区的核心区内。按《中华人民共和国水污染防治法》《中华人民共和国自然保护区条例》的相关规定，自然保护区核心区、缓冲区不得设置入河排污口，南岸污水处理厂入河排污口亟须搬迁。另外，由于南岸街道人口持续增长，南岸污水处理厂 5 万 t/d 污水处理规模也逐渐难以满足区域污水处理需求。

（3）整治措施和整治过程

宜宾市委、市政府高度重视长江上游珍稀特有鱼类国家级自然保护区生态建设和保护，坚决实施南岸污水处理厂提标改造扩建及入河排污口迁建项目。

一是实施提标改造和扩能建设。累计投入 3.57 亿元，实施污水处理工艺改进、设备更新，将南岸污水处理厂出水水质由《城镇污水处理厂污染物排放标准》（GB 18918—2002）一级 A 标准排放限值提升到《四川省岷江、沱江流域水污染物排放标准》中城镇污水处理厂排放限值。

二是实施入河排污口迁建工程。投入 0.77 亿元，对位于长江上游珍稀特有鱼类国家级自然保护区核心区的排污口进行迁建。主要建设内容包括新建泵房和配电房一座、沿凤凰溪河道建设 3.4 km DN 1200 尾水管线、排污口规范化整治等，将入河排污口迁建至凤凰溪河口上游约 3.2 km 处，如图 1 所示。

（4）整治成效

南岸污水处理厂完成提标改（扩）建后，出水执行标准提高、污染物浓度降低。排污口迁建后，污水处理厂出水经泵站提升至凤凰溪河口上游 3.2 km 处排放，彻

图 1 入河排污口迁建示意图

底解决了排污口出水直排长江问题，有力地保障了长江上游珍稀特有鱼类国家级自然保护区水生态环境。

排污口整治前后对比如图 2 所示。

整治前——直排长江干流　　　　整治后——排入周边水体

图 2 排污口整治前后对比

（5）效益和长效监管分析

长江干流曾经面临污水直排、排污口密集等突出环境问题。长江沿岸水质变差、环境恶化等问题一度对沿岸城市招商引资、产业升级等经济建设工作造成负面影响。宜宾市委、市政府实施南岸污水处理厂整治工程，以水环境容量为依据，科学治污、精准治污，解决了南岸街道产业升级、人口骤增带来的水生态环境承载力不足的问题，妥善处置了入河排污口设置与自然保护区管理要求冲突的历史遗留问题，强化了长江上游珍稀特有鱼类国家级自然保护区周边水体水质保障，把好了入河排污口最后一道闸口，为进一步统筹经济社会发展与生态环境保护打造了一个优秀案例。

案例 16

南充市营山县南门河综合整治

（1）基本情况

排污口类型：小流域河流。

地理位置：南门河全长约 12 km，贯穿四川省南充市营山县城，包括营山县政府驻地、商业聚集区、生活聚居区。其中，南门河流经县城河段总长 5.3 km，主要为老城区，常住人口十余万人。

责任主体：南充市营山县人民政府。

污染来源：南门河老城区生活污水。

（2）问题分析

由于临河房屋建筑较多、管网配套不完善，南门河两岸污水直排现象曾经较为普遍。经溯源排查发现，南门河沿线 36 个居民小区、街道片区的生活污水虽经过集中收集，但截污管网配套不完善，收集后的污水只能直排入河；多个居民生活污水散排点、管网污水渗漏点长期污水直排下河，污染水质。同时，因集雨面积小，水资源不足，生态流量难以保障，河流时常干涸断流，南门河水环境、水生态遭到严重破坏，被群众戏称为无法开窗、无法看景、无法活动的"三无之所"。

（3）整治措施和整治过程

南充市营山县委、县政府将南门河流域综合整治工程纳入"城市修补和生态修复"双修工程，按照"控源截污、内源治理、生态修复、活水保质"的总体思路，全面重构南门河沿线截污支干管，系统推进生活污水直排口整治工作。

一是实施截污挂管。投资 8 000 万元，按照"户排污管→沉沙隔渣池→市政污水管→截污干管→污水处理厂（站）"全封闭运行原则，实施南门河截污挂管及应急污水处理设施工程，对沿线所有小区楼栋及所有餐饮企业（店）、机关食堂污水收集管网进行新（改、扩）建，全面清理封堵单户散排和渗漏点，建成污水收集主支管道 8.96 km，将 36 个居民小区、街道片区生活污水排污集中排放口进行纳管封堵。

二是提升污水处理能力。新建 3 座应急污水处理设施，接收污水管线截污收集的南门河片区污水，实施集中处理、达标排放。污水处理设施设计规模达 2 万 t/d，出水水质执行《城镇污水处理厂污染物排放标准》（GB 18918—2002）一级 A 标准。全面确保了南门河沿线污水应收尽收、应处尽处，从根本上削减了河流污染物负荷，消除了南门河水体黑臭现象。

三是强化生态补水。实施城市"双修"工程，拆除南门河、走马岭河的临河盖河段房屋 1 800 套 18 万 m²；建成城市中水回用项目，敷设管道 2.86 km，将城市污水处理厂处理后的尾水通过人工湿地净化后泵送至走马岭河上游段，实现每日生态补水 3 万 m³，为南门河注入源头活水（图 1）。

图 1 　南门河工程点位示意图

（4）整治成效

整治后的南门河居民小区、街道片区生活污水不再直排入河，沿河散排、渗漏点均已纳管封堵，污染物入河量显著下降。与 2020 年相比，2022 年南门河 COD、氨氮、总磷、高锰酸盐指数等污染物入河量分别下降 74.2%、84.8%、89.2%、69.2%，河道全面消除黑臭现象。临河盖河违规建筑悉数拆除、直排散排口彻底清理，南门河河岸生态得到进一步修复，呈现"水清岸绿、鱼翔浅底"的美景（图 2）。

图 2 　南门河整治前（左）和整治后（后）对比

（5）效益和长效监管分析

南门河综合整治工程投入资金 1.2 亿元，全面实施截污挂管工程，提升污水处理能力，强化生态出水，彻底解决困扰营山县多年的南门河"脏、乱、差"问题，实现了南门河岸清、水绿、景美（图3），为营山县城市修补和生态修复作出巨大贡献，为筑牢长江经济带上游生态屏障作出积极贡献。

图3　整治后的南门河

3.3.2　农村生活污水收集处理

案例 17

潜江市竹根滩镇农业农村排污口溯源整治

（1）基本情况

排污口类型：农村生活污水排污口。

地理位置：湖北省潜江市竹根滩镇竹中街 82 号。

责任主体：潜江市竹根滩镇人民政府。

主管部门：潜江市农业农村局。

污染来源：竹泽路、文卫路区域生活污水。

受纳水体环境管理要求：《地表水环境质量标准》（GB 3838—2002）Ⅲ类水质标准。

（2）问题分析

竹根滩镇竹市河全长约 5 km，南北横穿集镇，上接黑毛潭湖，下连汉南河。随着集镇的发展，竹市河沿线两岸的自然生态遭到破坏，水体黑臭、河岸脏乱、违建较多等情况长期存在。由于竹根滩镇未建设污水管网，造成集镇范围内的农村生活污水直排，最终汇入汉南河，对水环境造成影响。

（3）整治措施和整治过程

为解决生活污水直排带来的水体污染问题，竹根滩镇通过修建污水管网，将农村生活污水纳入城镇污水管网后排入城北污水处理厂（图 1～图 3）。2018 年 5 月 18 日，竹根滩镇污水收集管网建设项目开工，建设至今主管网已完成 32 235 m，支管网 27 389 m，建设 4 座提升泵站。管网从群联村（223 户）到竹市社区（284 户）、竹根滩镇（491 户）、仁合村（307 户）、夫耳堤村（162 户）、孙拐村（82 户）、青年村（125 户），经董滩村进城北污水处理厂。其中，竹市河污水管网总长度 1 800 多 m，总投资 2 000 万元左右，解决了竹市河两岸居民、集镇竹中街、竹泽大道、富迪超市往西至青年加油站及各单位和商户污水直排竹市河问题。此外，竹根滩镇抢抓汉南河环境整治契机，大力推动竹市河生态修复工程，将竹市河整治与"擦亮小城镇"结合起来，建设"一道（休闲绿道）、两园（荷塘主题公园、湿地公园）、三广场（休闲娱乐广场、迎宾广场、居民健身广场）"，改善了人居环境。

图1　竹根滩镇竹市河排污口整治前

图2　竹根滩镇竹市河排污口整治中

（4）整治成效

竹根滩镇抢抓汉南河环境整治契机，大力推动竹市河生态修复工程，强力协调配合集镇污水收集管网建设工作。目前，竹市河区域的排污口已完成全面整治处理，农村生活排污口已纳入集镇污水收集管网，收集污水进入城北污水处理厂处理。现在，以竹市河为主体的芦洑河公园打造完成，形成了水清岸绿，人居适宜的生态公园，成为集镇周边群众休闲、跳舞锻炼的场所，增强了周边群众的归属感、幸福感，获得了群众的一致好评。

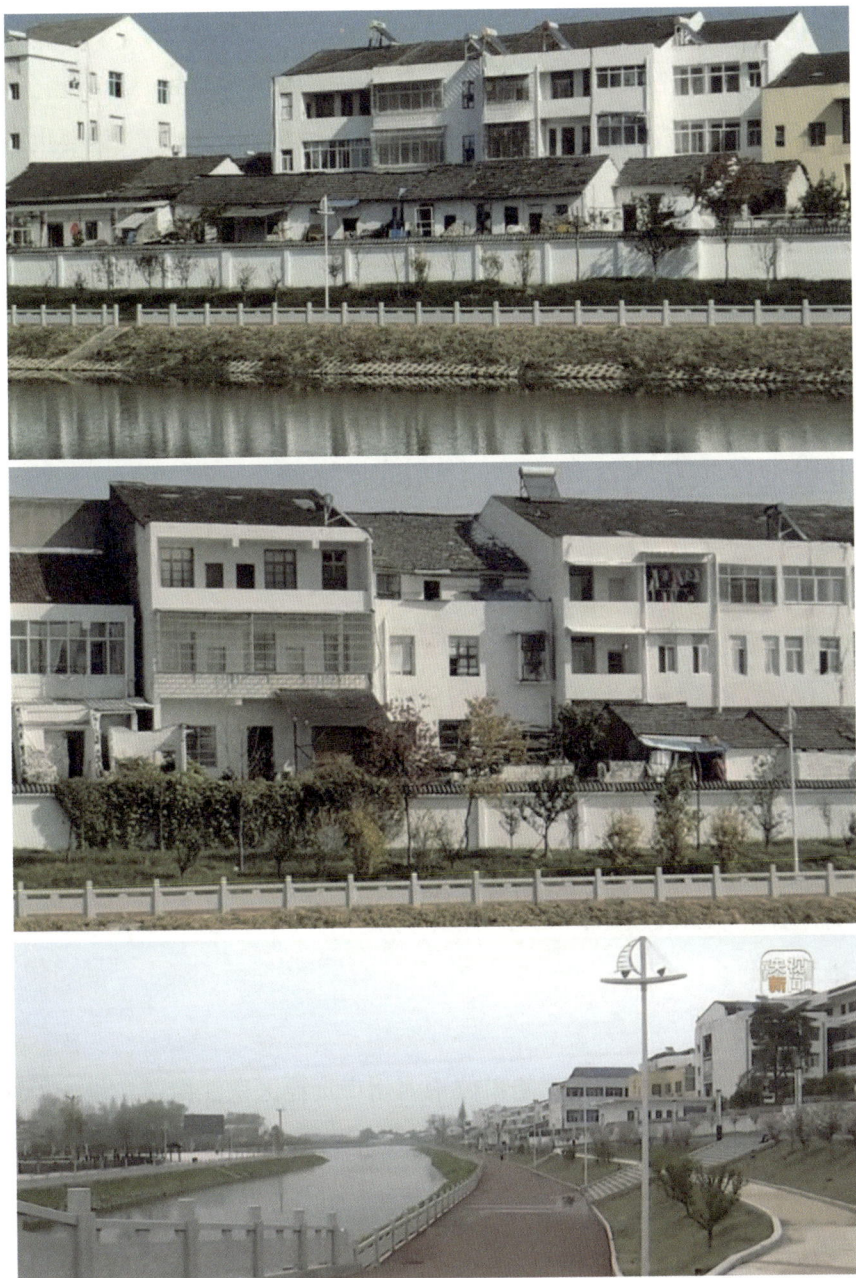

图 3　竹根滩镇竹市河排污口整治后

（5）效益和长效监管分析

随着竹市河生态修复工程竣工验收，该工程改善了集镇生态、绿化了集镇环境、增强了群众幸福感，避免了因排污造成生态环境污染，形成了"既要生态保护，又添群众幸福"的生态治理格局。

案例 18

池州市贵池区夹江入江排污口生活面源整治

（1）基本情况

排污口类型：沟渠、河港（涌）、排干等。

地理位置：安徽省池州市贵池区秋江街道江堤路。

责任主体：秋江街道办事处。

主管部门：贵池区人民政府。

污染来源：生活污水、雨水。

受纳水体环境管理要求：《地表水环境质量标准》（GB 3838—2002）II类水质标准。

（2）问题分析

秋江街道江堤路入长江下坝闸口位于池州市贵池区秋江街道，是一处通往长江干流的水利闸口，闸口上游为秋江街道境内的夹江河，下游经闸排与长江相通。夹江河全长 14.4 km，沿河两岸以居民区为主，约 1 727 户。长期以来，夹江两岸居民生活污水、生活垃圾多向河道内排放丢弃，导致河道水体严重富营养化、水草密布、垃圾淤积，水体污染比较严重。

（3）整治措施和整治过程

为改善夹江河水生态环境、沿岸居民居住环境和周边农田灌溉排涝条件，2019 年贵池区开展了夹江河综合整治工程，投入 4 470 万元，按照"拆、理、清、建、治、管"六字措施，全面推进农业农村生活污水排口、农田排口、污水集中处理设施排口等整治，完成河道清淤 12.8 km，清淤土方 31.3 万 m³，防护河岸 25.5 km，绿化面积达 69 516 m²。完成沿河两岸 610 户居民改厕任务，新建日处理污水能力 500 t 以上污水处理厂 1 座，辐射民生、梅里、莲台 3 个村居，1 万余人，涵盖企业 100 家以上。

（4）整治成效

经整顿规范，夹江河水质主要指标由 V 类水水质提升至 III 类水水质（已达到夹江河水质管理目标），两岸废弃的船只、网箱、违法建筑物等河道障碍物得到全面清理，河道岸坡修建观景步道，居民生活环境质量得到明显改善，也促进了土地升值潜力，进一步改善了投资环境（图 1）。同时，整治工程进一步改善了区域灌溉用水及排水条件，为农业增产增收，推动当地的经济可持续发展提供基础保障。在此基础上，贵池区建立常态化管理机制，充分发挥河道协管员、村居"义

（a）整治前　　　　　　　　　　（b）整治后

图 1　夹江河河道整治前后对比

务护河队"的作用，压实河道保洁负责，明确河段保洁责任人，增设沿河垃圾屋等垃圾收集硬件设施，进一步健全沿河垃圾收集系统。现在的夹江河，河水慢慢变清，河道逐渐通畅，两岸愈加开阔，景色越来越美，实现了环境效益、社会效益、经济效益的有效统一。

案例 19

长沙市天心区兴隆钓场东南侧沟渠整治

（1）基本情况

排污口类型：沟渠、河港（涌）、排干等。

地理位置：湖南省长沙市天心区兴隆钓场东南侧。

责任主体：长沙市大托铺街道办事处。

主管部门：长沙市水利局。

污染来源：沟渠沿岸农田种植、农户养殖、居民生活垃圾和生活污水直排等。

（2）问题分析

该排污口污染源头为农户养殖、居民生活垃圾倒入渠道和生活污水直排，两岸植被枯枝落叶腐烂等导致渠道淤积，该段沟渠年久失修，淤塞以及局部垮塌严重。

（3）整治措施和整治过程

天心区农业农村局投入 600 万元对土木桥至桂苏路排渠进行全线清淤清障护砌和水系工程连通整治；大托铺街道对渠道附近养殖户进行劝退，对渠道周边农户设置三格净化池，确保生活污水不直排渠道内。排污口整改前后对比如图 1 所示。

整改前   整改中

整改中   整改后

图1　排污口整改前后对比

（4）整治成效

该灌溉沟渠不直接连通湘江，污染物主要为农村生活污水散排，水体为当地农田灌溉沟渠用，依据湖南省《农村生活污水处理设施水污染物排放标准》（DB 43/1665—2019），整治完成后水质达到《农田灌溉水质标准》（GB 5084—2021）水田作物要求。

（5）效益和长效监管分析

整治工作围绕农业生产需求，提升了该农村区域抗御洪涝和干旱灾害能力，全面提高了农业综合生产能力；以生态水网渠道清淤工程建设为重点，改善了生态环境，实现了水生态环境持续协调发展。

案例 20

黄石市西塞山区某钢库东南 100 米涵洞排口整治

（1）基本情况

排污口类型：沟渠、河港（涌）、排干等。

地理位置：湖北省黄石市西塞山区河西大道 189 号。

责任主体：西塞山工业园区管理委员会。

主管部门：西塞山区农业农村局。

污染来源：西塞山区刘家大棚村村民散排生活污水，污水经此排口进入合兴港后，直排长江。

受纳水体环境管理要求：《地表水环境质量标准》（GB 3838—2002）V 类水质标准。

（2）问题分析

在长江入河排污口排查整治中，发现该沟渠、河港的污水排放对长江干流水质具有一定的风险隐患。通过现场溯源和监测数据分析，该沟渠存在的问题主要为刘大棚村附近居民生活污水集中收集处理不足导致。

（3）整治措施和整治过程

为推进周边生活污水全收集，启动实施西塞山区河西水系污水提质增效改造项目（一期）。项目主要对刘家大棚村 80 余户居民生活污水进行全收集处理，新建污水管道及其附属设施，现状路面、人行道等破除及恢复（图 1）。新建污水管道 1 538 m，新建污水提升泵站 1 座，将污水提升至河西大道污水主管网后送至河西污水处理厂。为高质量推进项目实施，西塞山区委、区政府高度重视，成立了整治工作组，由西塞山工业园区管理委员会牵头负责，生态环境、农业农村等职能部门通力配合。西塞山工业园区管理委员会聘请第三方对刘家大棚村进行现场勘测和设计，制定工作实施方案，计划 2024 年 1 月 23 日完工。刘家大棚村村干部深入居民家中做居民工作，与村民签订协议，争取居民支持。

为加快整治工作进度、改善周边环境提供坚实基础和保障。黄石市生态环境局西塞山区分局加强周边水质检测（图 2），为水质改善工作提供参考依据。西塞山区农业农村局督促园区对刘家大棚村进行截污纳管，确保工作顺利开展。

图 1　垃圾清除　　　　　　　　　图 2　水质检测

（4）整治成效

项目实施完成后将极大地改善村庄人居环境（图 3），同时有效解决合兴闸排污口水污染问题，提升了排污口水质。

图 3　整治过程及成果展示

3.4　养殖尾水治理

近年来，养殖尾水排放产生的环境影响日益受到关注。本节对上海市宝山区河蟹养殖尾水整治项目进行介绍，该项目采用"尾水湿地外循环净化"和"蟹塘内循环净化"治理模式，基本实现了蟹塘养殖尾水自净循环使用，同时建设智能感知控制信息系统，在大数据分析的基础上实施智能养殖。

在本案例中，净化湿地用地问题是治理项目实施的难点。最终由市、区两级农业农村部门共同出面协调解决用地问题，并在技术和资金方面给予大力支持，整治项目得以顺利实施。

案例 21

上海市宝山区某水产养殖专业合作社水产养殖尾水整治项目

（1）基本情况

排污口类型：农业农村排污口。

地理位置：上海市宝山区罗泾镇。

责任主体：上海市某水产养殖专业合作社。

主管部门：上海市宝山区农业农村委员会。

污染来源：水产养殖。

受纳水体环境管理要求：《地表水环境质量标准》（GB 3838—2002）Ⅲ类水质标准。

（2）问题分析

该水产养殖专业合作社主要从事河蟹养殖，水域面积 600 亩，尾水排放能达到《淡水池塘养殖水排放要求》（SC/T 9101—2007），但仍存在一些问题。一是排污口位于陈行饮用水水源二级保护区内，水产养殖尾水通过排污口排入花红河，花红河水质为Ⅲ类，但水质仍不稳定，存在一定的环境风险。二是养殖水体中存在总氮、亚硝酸盐等营养盐偏高或溶氧量偏低的现象，成为养殖中后期发病的主要原因，影响了养殖产品的产量与品质。三是养殖尾水排放问题也成为水产养殖可持续发展的"瓶颈"，在当前国家和上海市两级退渔还水、生态环境治理的环保政策要求下，不仅要追求产品绿色，符合食品安全要求的生产方式，也迫切需要"以渔治水，以渔养水"的"零排放"养殖方式。

（3）整治措施和整治过程

为消除潜在环境风险，该水产养殖专业合作社于 2019 年起开展了相关整治工程。整治责任主体为该水产养殖专业合作社，监管部门为宝山区农业农村委员会，项目经费来源为罗泾镇人民政府申报的"宝山区 2018 年都市现代农业发展专项项目循环自净河蟹养殖场建设工程"。项目经费共 2 349.1 万元，其中市级财政 672.76 万元，区级财政 470.93 万元，镇级配套 201.83 万元，自筹投入 1 003.58 万元。整治时间为 2019 年 1 月—2020 年 12 月完成主体工程建设，2021 年 9 月完善了尾水收集排放系统、暴雨期过量尾水湿地净化后外排系统。项目纳入"宝山区 2018 年都市现代农业发展专项项目计划"。

在确定项目湿地净化整治方案时，净化湿地用地成为项目工程"瓶颈"。市、区两级农业农村委员会高度重视，会同属地罗泾镇人民政府，技术加资金支持，协调解决净化湿地用地，项目结合河蟹生态养殖，采用"尾水湿地外循环净化"和"蟹塘内循环净化"治理模式，实现尾水自净循环使用。主要建设内容如下：

尾水湿地外循环净化。建设三级净化湿地 100 亩，利用菌藻、植物、水生动物，降解尾水中有机物、氮、磷等污染物。尾水首先进入净化湿地净化，其次进入调蓄净化湿地净化并存于该湿地内，根据需要作为农田灌溉或补充养殖进水，最后经二级净化后的尾水与外来水源通过进水净化湿地净化后，流入各养殖池塘，尾水循环回用。

蟹塘内循环净化。蟹塘中利用水位差，优质水由高至低自然流淌，形成活水养殖区（约占水域面积的 90%）。活水养殖区下游设置生态拦截屏，拦截、沉淀养殖区的粪便等颗粒物，随后自流进入种养净化区，通过沉水、挺水植物和水生动物吸收养分，再经曝气推水区提升至蟹塘上游，内部循环。

尾水外排系统。调蓄净化湿地设置溢流口，铺设排水管，将雨季过量尾水湿地净化后引至水源地外排放。

蟹塘智能感知控制。建设信息系统，采集水质、气象、水动力等数据，开发现场装备实时操作、工况实时监测、异常情况报警、历史数据查询等功能，根据蟹塘实际需求，在养殖大数据分析的基础上实现智能养殖。

排污口整治前后对比如图1所示。

（4）整治成效

通过整治工程实施，实现了养殖尾水减排。养殖尾水自净循环使用，晴天"零排放"，暴雨期引至水源地外排放，尾水水质优于地表水 V 类水质，达到上海市地方标准《水产养殖尾水排放标准》（DB 31/1405—2023）要求，减轻养殖尾水排放对水体影响，保护饮用水水源地。

（5）效益和长效监管分析

该项目利用湿地进行尾水生态治理，后期维持维护费用低；不添加化学药剂，生态健康安全。通过发展特色生态产业，形成长江蟹特色产业品牌，净化湿地水下森林景观与陆地景观交相辉映，生态环境保护与绿色产业协同发展，助推乡村振兴。

该项目基于现有蟹塘种草养殖的技术与基础，采用塘内生态净化，塘外尾水净化再循环回用的方式，从而实现"零排放"的生态养殖。利用水产养殖物联网智能监控系统进行全程监控，提高池塘溶解氧等水质监测控制、定时自动投喂、断电自动报警等智能化管理水平。通过大数据分析与建模，以精准养殖取代经验养殖，实现了智能管理与控制，推动水产养殖的现代化发展，建立都市农业示范工程。

整治前

整治后

图 1　排污口整治前后对比

3.5 城镇生活雨污混排整治

长江流域雨污混排现象非常普遍，尤其是一些老旧城区，由于多采用合流制，雨污混排溢流成为长期难以解决的"老大难"问题。党的十九大以来，我国大力推进雨污分流改造，相继印发《城镇污水处理提质增效三年行动方案（2019—2021 年）》（建城〔2019〕52 号）、《关于推进污水资源化利用的指导意见》（发改环资〔2021〕13 号）、《关于加快推进城镇环境基础设施建设的指导意见》（国办函〔2022〕7 号）等一系列文件，都对推动老旧管网修复更新、实施雨污分流改造等工作提出要求。

雨污分流改造通常工程量大、资金投入高，需要地方政府及有关部门系统谋划、科学实施，切忌"头痛医头、脚痛医脚"。本节介绍了 6 个系统开展区域管网改造、精准整治雨污混排的案例。

案例 22

重庆市九龙坡区黄桷坪街道桃花溪入江口整治

（1）基本情况

排污口类型：沟渠、河港（涌）、排干等。

地理位置：重庆市九龙坡区黄桷坪街道。

责任主体：重庆市九龙坡区人民政府黄桷坪街道办事处。

主管部门：九龙坡区城市管理局。

污染来源：重庆庆市九龙坡区黄桷坪街道。

受纳水体环境管理要求：《地表水环境质量标准》（GB 3838—2002）Ⅲ类水质标准。

（2）问题分析

九龙坡区动物园至渔鳅浩段存在 2.8 km 长的暗涵，最深埋深约 100 m，沿途桃花溪街、西郊三村、西城镜园、重啤花园等区域存在生活污水错接、漏接直排暗涵，过去长期简单封堵暗涵出口，雨污混合水全部通过污水管网进入城市污水处理厂，导致城市污水处理厂进水浓度低和雨季暗涵出口雨污混合水翻坝溢流汇入长江等突出问题。

（3）整改情况

投入 4 500 万元，通过暗涵内窥、排口溯源等查出混接、错接进入涵洞污水来源 164 处，修建截污管道 2.6 km，清运暗涵垃圾淤泥 11 000 m³，并采取防渗钢筋混凝土包封加固，将截流后的污水接入城市污水管网，清污分流后桃花溪水直排进入长江。

排污口整治前后对比如图 1 所示。

（4）整治成效

桃花溪截流堰被拆除，还清水入江，入江口水质由原来的劣Ⅴ类稳定提升至Ⅴ类，部分时段达到Ⅳ类，并为城市污水管网晴天减少清水排入约 3 万 t/d，雨天减少约 7 万 t/d。

（a）整治前

（b）整治中

（c）整治后

图 1　排污口整治前后对比

案例 23

重庆市南岸区龙门浩街道龙门浩老街西侧城镇雨洪排口整治

（1）基本情况

排污口类型：城镇雨洪排口。

地理位置：重庆市南岸区龙门浩街道龙门浩老街西侧。

责任主体：重庆市南滨路建设发展中心。

主管部门：重庆市南岸区住房和城乡建设委员会。

污染来源：农村、城镇生活污水、施工废水。

受纳水体环境管理要求：《地表水环境质量标准》（GB 3838—2002）Ⅲ类水质标准。

（2）问题分析

因上游雨污分流不彻底、农村及居民聚居点散排污水直接排入、下游建成区范围内雨污混接/错接、长江隧道建设工程泥浆水混入等问题，导致沿线污水混入清水溪，过去长期简单封堵溪沟出口，设置截流堰将清污混合的溪水一并接入中心城区排水干管进入鸡冠石污水处理厂处理，雨季劣Ⅴ类清污混合水溢流直排长江。

（3）整治情况

通过拆除违章建筑 800 余平方米，源头增设 300 t/d 污水一体化处理设施 1 座，新建排水管网 3.5 km，改造雨污混接/错接点改造 14 处，清淤 20 余立方米，升级改造施工废水处理工艺，采取"九级沉淀＋隔油＋絮凝压滤"的处理方式，日处理隧道施工废水达 1 000 t/d。

排污口整治前后对比如图 1 所示。

（a）整治前

（b）整治中

（c）整治后

图 1　排污口整治前后对比

（4）整治成效

清水溪末端截流堰被拆除，沿岸农村、城镇生活污水、施工废水得到有效收集处理，清澈的河水直排长江，入江口水质由原来的劣 V 类稳定提升至 V 类及以上，为中心城区排水管网减负约 1 万 t/d，雨天最大减少量约 6 万 t/d。

案例 24

孝感市汉川市涵闸河入河排污口整治

（1）基本情况

排污口类型：雨污合流制城镇雨洪排口（13 个）。

地理位置：湖北省孝感市汉川市涵闸河。

责任主体：孝感市汉川市人民政府。

污染来源：城镇生活污水。

受纳水体环境管理要求：《地表水环境质量标准》（GB 3838—2002）Ⅳ类水质标准。

（2）问题分析

涵闸河全长 4.69 km，宽约 100 m，西连汈汊湖，东通汉江，于 1953 年开挖建成，起于汉川闸，止于四汊河，原为汉川市的护城河，随着城市的发展，现已成为横贯汉川主城区的城中河。涵闸河沿岸有 13 个排污口，排水原状为雨污合流制，部分闸口处截污设置简单且不合理。闸口关闭时，上游合流污水通过闸前污水管接入截污干管；闸口打开时，上游合流污水经闸口直接排入涵闸河，导致水体污染；梅雨季节排水不及时，老城区内涝情况时有发生。

（3）整治措施和整治过程

经汉川市政府批准投资 1 200 万元对涵闸河两岸 8 座涵闸类排污口进行改造，8 座闸口分别为：北岸 4 座（庆丰闸、杨兴闸、文化桥闸、洪西渠闸），南岸 4 座（交警宿舍闸、永兴闸、造纸厂闸、邬柏口闸）。主要建设内容为截污纳管、雨污分流、闸口改造、景观绿化。在闸口上游、截污干管北侧设置截流井，在截污干管上设置跌水井、检查井；将合流管 D 600 改为 D 1500，D 800 改为 D 2000，坡度 3‰或 5‰；闸口下游设置 1 500 mm×1 500 mm、2 000 mm×2 000 mm 箱涵，排入涵闸河；新建 DN 400、DN 500 污水管，在道路红线外设置预埋，原状混流污水排口砖砌封堵，实行雨污分流时将污水接入城区污水管网干管。该项目于 2022 年 6 月公开招标，7 月施工单位进场施工，12 月底完工。

排污口整治前后对比如图 1～图 3 所示。

（4）整治成效

"排污口"管理好坏，直接关系水环境质量和生态环境安全。涵闸河排污口整治前污水直排，经雨污分流、截污治污整治后，污水全部进入主污水管网，基

图 1　整改前——闸口状况

图2　整改中——闸口状况

本上做到末端截污，原本的黑臭水体改善至Ⅳ类水质，昔日的污水已变为一池清水。水清岸绿景色美，鹭鸟翔集游人醉，涵闸河成为汉川市民休闲、健身、娱乐的好去处。

（5）效益和长效监管分析

一是举一反三，巩固好入河排污口整治成效，落实日常巡查管理机制，确保晴天、小雨不溢流，逐步降低雨季溢流污染造成的影响。

二是形成长效管护机制，强化宣传教育工作，引导群众树立生态环境保护意识，不向河道周边丢弃垃圾；同时，安排环卫人员，每日沿涵闸河进行清漂和保洁。

三是加强部门联动机制，根据实际情况，适时开展河渠生态补水工作，增加水体生态基流和水质监测保障，确保河渠水质持续向好。

图3 整改后——闸口状况

案例 25

泸州市老鹰坵雨洪排口整治

（1）基本情况

排污口类型：城镇雨洪排口。

地理位置：四川省泸州市龙马潭区罗汉、高坝片区。

责任主体：泸州市龙马潭区人民政府。

污染来源：周边生活污水和雨水汇流。

受纳水体环境管理要求：《地表水环境质量标准》（GB 3838—2002）Ⅱ类水质标准。

（2）问题分析

该排污口为 3 个城乡接合部老旧城区的生活污水和雨水提供排放通道，集雨面积约 2 km²，覆盖人口约 2 万人。整治前未实施雨污分流改造，仍实行合流制截流式排水体制，时有污水溢流直排长江。2018 年，国家《长江经济带生态环境警示片》反馈老鹰坵存在污水溢流直排长江问题。

（3）整治措施和整治过程

四川省委、省政府和泸州市委、市政府高度重视老鹰坵溢流污水直排长江问题，泸州市强化统筹、科学规划、合理实施，打出"治标＋治本"组合拳，有效解决老鹰坵雨洪排口污水溢流直排长江问题（图 1、图 2）。

一是实施应急治标整改。实施老鹰坵应急处置工程，在溢流口处新建 500 t/d 污水收集池，增设应急提升泵，将溢流雨污水收集提升输送至泸州市城东污水处理厂处理，并落实专人开展常态化巡查疏浚，有效防止雨污水溢流直排长江。

二是实施长效治本整改。实施罗汉、高坝片区雨污分流改造项目，总投资 1.05 亿元，分两期建设，共安装主管网 16.2 km、三级管网 26 km，有效解决了区域雨污混排、污水收集处置能力不足问题。

三是实施提升改造整改。投入资金约 1.6 亿元，建设老鹰坵生态湿地公园，占地面积约 16 万 m²，实施绿化工程、排口改造、外立面整治等工程以及新建绿化广场、停车场、公厕等附属设施，有效改善了老鹰坵周边区域生态环境。

图1　整治前——雨污混排　　　　图2　整治后——雨水排放

（4）整治成效

泸州市坚决贯彻党中央、国务院关于打好污染防治攻坚战的指示精神，对《长江经济带生态环境警示片》反映的问题实施全面彻底整改。通过既治标又治本的整改措施，不仅在短期内即解决了老鹰坵污水溢流直排问题，而且有效完成了雨污分流改造，根除了雨季污水溢流下河的可能性。

（5）效益和长效监管分析

泸州市合计投资约 2.6 亿元实施老鹰坵区域截污治污工程，同时建设生态湿地公园，将生态环境保护与城市建设有机融合，有效实现环境效益与社会效益的双赢。

一是水环境质量持续改善。近年来，泸州市流域生态环境质量持续改善，2019 年以来长江干流泸州段 2 个国控断面水质稳定保持为 Ⅱ 类水质，有力保障了长江出川断面水质安全。

二是生态保护水平持续提高。老鹰坵生态湿地公园广泛种植荻花、蒲苇、中华蚊母树、花叶芦竹、紫叶芦苇等亲水植物，对区域水生态系统实施有效修复，为水生生物栖息创建良好生境，为长江上游珍稀特有鱼类国家级自然保护区生物多样性保护提供支撑。

三是人民获得感持续提升。老鹰坵生态湿地公园建成开放后，原城乡接合部"脏、乱、差"环境焕然一新。公园内水流清澈，乔木、灌木、绿草植被交织，花朵、树叶色彩斑斓。公园开放后游人如织，鸟语花香，已成为周边人民群众休闲娱乐打卡地，人民群众生态环境获得感、幸福感和安全感不断提升。

案例 26

武汉经济开发区（汉南区）君融天湖社区城镇雨洪排口整治

（1）基本情况

排污口类型：城镇雨洪排口。

地理位置：湖北省武汉市蔡甸区沌口街道君融天湖汤湖公园。

责任主体：武汉经济技术开发区君融天湖小区。

主管部门：武汉经济技术开发区水务和湖泊局。

污染来源：君融天湖小区雨水。

受纳水体环境管理要求：《地表水环境质量标准》（GB 3838—2002）Ⅳ类水质标准。

（2）问题分析

前期调查时，发现该排口为君融天湖小区内部雨水排口。排口处有水流出，水质无色、透明、无异味。从排口向上溯源，发现排口上方君融天湖小区内有一雨水井正对排口方向，开井察看发现井内有积水，且井内管道通向排口方向，判断该排口为君融天湖小区城镇雨洪排口，且监测数据异常。

（3）整治措施和整治过程

对君融天湖小区内部雨污管网进行探测排查，将排口纳入四水共治二期小区雨污分流改造工程进行治理，除雨水之外的排水均进入污水管网，对存在雨污混接／错接的区域实行雨污分流改造。

自 2021 年 4 月开始，对君融天湖小区内的雨污管网混接／错接和雨水立管进行改造。新建混凝土污水管 50.3 m，新建混凝土雨水管 21.8 m，新建 13 座污水检查井，新建 2 座雨水检查井，实现小区内部雨污分流；更换 62 座检查井井盖，修复 49 座现状检查井，直接开挖修复管道 118.2 m，对现状排水管道开展清淤 179.9 m³，减少进入水体污染物量；在排口上游新建一座末端截流井，阻断污水来源，减少初期雨水径流面源污染。

（4）整治成效

目前该排口已整改完成，经济开发区水务和湖泊局根据该排口的实际情况，因地制宜采取高效的治理手段，多措并举，确保排口水质达标排放，促进长江排污口入河水质持续改善，扎实有效地推进了经济开发区长江入河排污口的整治工作（图 1～图 3）。

图 1　整改前——排口

图 2　整改中——现场施工

（5）效益和长效监管分析

在整治过程中，通过分析排污口空间分布及排放规律对受纳水体水质的影响，开展水质监测，识别输入、输出响应关系，探索构建"受纳水体—排污口—排污通道—排污单位"全过程监督管理体系。同时竖立标识牌，加强对入河排污口监

图 3　整改后——排口

督管理法律法规和政策的宣传普及力度，增强公众对污染物排放的监督意识。充分利用公众监督举报机制，鼓励公众举报身边的违法排污行为，形成全社会共同监督、协同共治的良好局面。

案例 27

鄂州市华容区文昌桥下雨洪排口整治

（1）基本情况

排污口类型：城镇雨洪排口。

地理位置：湖北省鄂州市华容区华容镇。

责任主体：鄂州市华容区人民政府。

主管部门：鄂州市华容区住房和城乡建设局。

污染来源：华容镇文昌桥周边路面雨水。

受纳水体环境管理要求：《地表水环境质量标准》（GB 3838—2002）V类

水质标准。

（2）问题分析

鄂州市华容区文昌桥下雨洪排口位于湖北省鄂州市华容区华容镇文昌桥东北侧，受纳水体为汀桥港。溯源核查时，该排口周边为公路和工业区，疑似雨污混排，排口有少量水排出。该排污口为城镇雨洪排口，由华容区住房和城乡建设局负责城镇雨洪排口的整治工作。结合溯源排查情况确定，该排污口责任单位为鄂州市华容区人民政府，负责整治改造该排污口，主管单位为鄂州市华容区住房和城乡建设局，负责统筹排污口整治施工进度，监督管理排污口整治施工工作。

（3）整治措施和整治过程

一是完善雨污分流措施。华容区楚藩大道改造暨景观风貌提升工程涉及鄂州市华容区文昌桥下雨洪排口。工程西起丁桥港，东至楚藩大道与华蒲路交叉口，沿线与振华路（九号路）、昌华路、体育路、龙华路（车站路）、和平路（交通路）、兴华路等现状道路相交，道路全长 4 955 m。

二是新建排污管网。在车站路的沿道路南北侧非机动车道下分别新建一排 D 600 污水管，距离道路中心线 17 m，收集沿线周边商户及居民散排污水，排入下游楚藩大道设计 D 600 的污水管道，经下游污水管道排入葛华污水处理厂。

三是铺设雨水管涵。道路两侧现状排水管涵破损淤积较为严重，已经无法利用，本次工程废除了原排水管涵，在沿道路两侧非机动车道下各敷设一排 D 800 ~ D 1200 雨水管涵，距离道路中心线 15 m，收集道路沿线及上游雨水后由东向西排入下游已建 D 1500 雨水管道，避免雨污管路错接漏接，实现雨污分流。

（4）整治成效

鄂州市华容区文昌桥下雨洪排口主要问题为未进行雨污分流，通过华容区楚藩大道改造暨景观风貌提升工程新建雨污收集管道，切实解决了污水直排问题。

同时又加强监管，竖立标识牌（图1），完善了雨污分流建设，雨水进行监测后水质稳定达到《地表水环境质量标准》（GB 3838—2002）Ⅴ类水质标准，消除了环境风险隐患。

图1　竖立标识牌

（5）效益和长效监管分析

城镇雨洪排口一直是入河排污口整治的"老大难"问题。鄂州市因地域较小，历史遗留问题较多，导致基础设施短板十分突出。例如，城镇污水管网配套建设不健全，雨污分流不彻底，建成区雨污管道混接混排、错接错排的现象仍然存在等问题，都制约着入河排污口整治的质量和成效。华容区文昌桥下雨洪排口通过下大力气开展雨水污水混排问题整改，基本解决了雨污混排问题，并通过新建排污管网和雨水管涵完善了雨污分流建设，排口水质稳定达标，整治经验具备较强的推广性。雨水、污水系统如图2、图3所示。

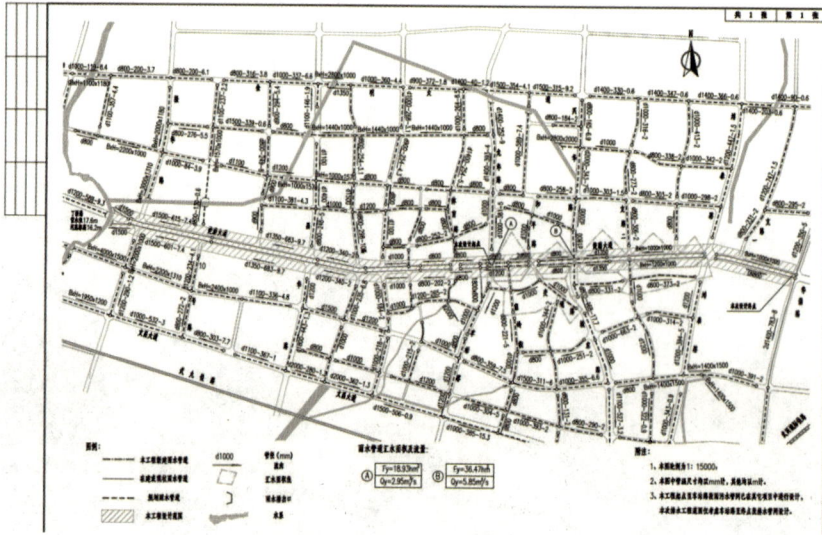

图 2　雨水系统示意图

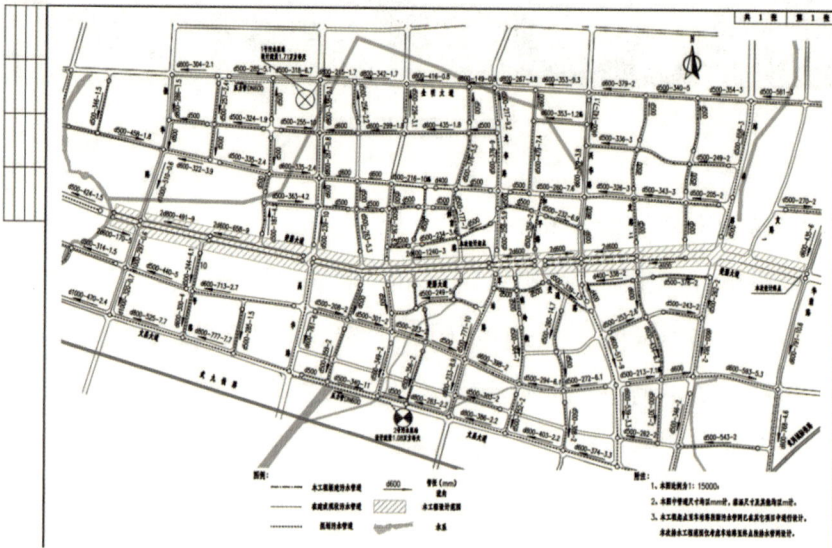

图 3　污水系统示意图

3.6　农村生活雨污混排整治

　　农村地区，生活污水和雨水混排现象非常普遍，要解决此类问题，重点是将生活污水收集处理。各地为了解决此类问题，在居民相对集中的地区，多采取建设污水收集管网统一收集处理；在居民较分散的地区，多采用建设小型农村污水处理设施或收集转运进行处理。

案例 28

宜昌市夷陵区长江入河生活污水排污口整治

（1）基本情况

排污口类型：生活污水和雨水混流排口。

地理位置：湖北省宜昌市夷陵区三峡移民安置点。

责任主体：宜昌市夷陵区人民政府。

主管部门：宜昌市夷陵区住房和城乡建设局。

污染来源：雨水和居民生活污水。

受纳水体环境管理要求：《地表水环境质量标准》（GB 3838—2002）IV类水质标准。

（2）问题分析

2020 年，夷陵区启动长江入河排污口溯源整治工作，流域沿线共排查 97 个入河排污口。三峡坝区沿江 30 个排口中需进行整治的均为生活污水混流排口。三峡工程建设期间，为解决三峡移民安置点行洪问题，属地政府将自然山洪沟改建为箱涵，承雨面积内的雨水和居民生活污水均通过该箱涵进入长江。箱涵排口整治范围广、难度大。

（3）整治措施和整治过程

夷陵区生态环境分局与区住建局、区水利和湖泊局、区交通运输局、各乡镇共同协作，对辖区内排口开展治理，主要通过以下措施解决生活污水直排问题。

一是夷陵区依托长江大保护政府和社会资本合作（PPP）项目，总投资 3.8 亿元，实施发展大道片区雨污分流改造及附属工程（图 1），并新建唐家湾路至夷兴大道段雨水管长度约 6.7 km，污水管 6.48 km，对 43 个长江入河排污口进行综合整治，从源头解决生活污水直排问题。

图 1　发展大道雨污分流施工

二是夷陵区先后争取 5 批次上级补助资金共计 4 438 万元用于乐天溪镇、三斗坪镇集镇雨污管网分流改造，新建管网 50 km（图 2），检查井 579 座，泵站 4 座，化粪池 15 个。集镇范围及周边八户店村、乐天溪村、园艺村等常住人口 2 万人的污水已基本完成雨污分流工作，分流后的污水接入污水处理厂进行深度处理达标排放，彻底解决生活污水混排问题。同时，投资 9 000 万元对辖区 10 个乡镇开展污水接户管网及附属工程建设，从源头上解决夷陵区乡镇集镇及其周边村落的生活污水的收集处理问题。

图 2　管网施工现场

三是夷陵区依托农村生活污水治理，通过控源截污、分类治理，推进入河排污口溯源整治。太平溪镇采用纳管处理、分散处理、集中处理相结合的方式，因地制宜地开展农村生活污水治理（图 3）。截至 2023 年年底，太平溪镇完成户厕改造 2 899 户，建成日处理能力 2 500 m³ 的污水处理厂 1 座，配套建设管网约 12 km，集中收集处理集镇及周边村落 1.2 万居民的生活污水。同时，在落佛村、龙潭坪、富城坪村等沿江居民点建设农村生活污水处理设施，对分散村落的生活污水进行收集处理，确保农村生活污水"应用尽用、应收尽收、应处尽处"。太平溪镇 10 个长江入河排污口已全部完成整治，沿江散乱排污现象得到根本遏制。

图 3　农村生活污水处理设施

四是夷陵区政府与三峡基地公司签订《夷陵区长江大保护 PPP 项目》合同，由三峡基地公司全面接管全区存量污水垃圾处理项目，委托三峡生态环境有限公司夷陵分公司进行运营维护，探索污水处理厂、垃圾填埋场统一规范管理新模式。同时结合市政管网改造工程有效解决生活污水直排、雨污合流、溢流等问题，促进长江流域水环境、水生态质量不断改善。

（4）整治成效

夷陵区通过集镇管网雨污分流工程、农村污水处理设施进一步完善生活污水处理系统，提高生活污水收集率和处理率。通过开展源头整治，三峡坝区沿江 30 个排口水质明显提升，如朱家湾段城镇雨洪排口、瓦窑坪生活污水排污口等 11 个排口出水水质均从劣 V 类提升至 IV 类及以上，从源头解决了生活污水与雨水混流直排长江的风险隐患。

（5）效益和长效监管分析

生活污水直排问题是长江入河排污口溯源整治工作中的重点、难点问题，生活污水与雨水混流直排长江会破坏水体的自净平衡，影响沿线居民的生活。夷陵区全面展开入河排污口整治工作，通过管网改造工程，从源头上切断了污染源，有效解决了生活污水直排、雨污合流、溢流等问题，减轻污染给生态环境带来的危害，促进了长江流域水环境、水生态质量的不断改善。同时为长江沿岸生活污水混流排口整治工作提供了可复制、可借鉴、可推广的经验做法。

案例 29

宜昌市高新区桂溪湖闸入江口沟渠整治

（1）基本情况

排污口类型：生活污水和雨水混流排口。

地理位置：白洋工业园沙湾片区。

责任主体：宜昌高新区白洋镇人民政府。

主管部门：宜昌市高新区住房和城乡建设局。

污染来源：沙湾片区居民生活污水、雨水。

受纳水体环境管理要求：《地表水环境质量标准》（GB 3838—2002）Ⅱ类水质标准。

（2）问题分析

桂溪湖闸入江沟渠主要问题为沙湾片区部分居民生活区未进行雨污分流、生产生活污水未集中收集排入污水处理厂，污水排放对长江干流环境保护［《地表水环境质量标准》（GB 3838—2002）Ⅱ类水质标准）］存在一定风险隐患。

（3）整治措施和整治过程

该排污口位于白洋工业园沙湾片区内，属于宜昌高新区白洋镇管辖范围，白洋镇人民政府是入河排污口管理工作的责任主体。沙湾片区建管办按照"尊重事实、因地制宜、达标排放"原则统筹桂溪湖闸入江沟渠整治改造工作，组织实施桂溪湖居民点雨污分流、污水收集工程。白洋镇人民政府负责市政管网运行维护及日常管理工作。

实地勘察。勘察集中居民点雨污排放现状，详细排查核实该居民点厨房、卫生间排水、屋面雨水通过管道收集后直排入房屋之间的盖板沟，各盖板沟内水汇集后排入自然沟渠的排水走向现状。

项目可研。委托宜昌市城市规划设计院设计桂溪湖居民点雨污分流改造工程（图1），通过实施雨污分流，解决污水直排、雨污合流混排问题。

图 1　桂溪湖片区污水收集工程示意图

实施项目建设。工程总投资400.45万元，居民点区域内新建DN 200～DN 300污水管道4 012 m，接入桂湖路已建DN 400～DN 600污水管道；沿规划桂湖路新建DN 600污水管道178 m，连通桂湖路和沙湾路已建污水系统，将居民点生产生活污水接入沙湾污水处理厂（图 2）。实现污水收集进入污水处理厂处置，雨水分流后通过桂溪湖闸排入长江。

图 2　生活区污水接管

（4）整治成效

通过片区污水收集管道新建、排水沟改造，切实解决了污水直排问题，厘清了片区雨水和居民生产生活污水，污水排至沙湾污水处理厂，减少污水直排长江约 167.045 t/d，雨污分流后通过桂溪湖闸排入长江，桂溪湖闸入江沟渠长期稳定达标排放。

（5）效益和长效监管分析

随着该片区雨污分流工程建设的竣工，桂溪湖闸入江沟渠雨水长期稳定达标排放至长江，片区污水收集降低了长江水体污染的风险，同时极大地改善了片区农村人居环境。

长江沿岸居民生活污水直排问题是长江入河排污口排查整治工作中发现的一个突出环境问题，直排污水无序排放对长江干流生态环境的影响不容忽视。区域居民生活污水综合整治工程，不仅高质量完成了长江入河排污口整治的重要工作，还提升了农村生活环境质量，改善了村庄环境面貌，提高居民满意度、幸福感。

案例 30

黄石市阳新县半壁山管理区乡江篱笆园南农村生活污水排污口整治

（1）基本情况

排污口类型：农村生活污水排污口。

地理位置：湖北省黄石市阳新县半壁山管理区半壁山大道 148 号。

责任主体：阳新县半壁山管理区。

主管部门：阳新县农业农村局。

污染来源：居民生活污水和地表雨水。

（2）问题分析

该排污口位于半壁山管理区半壁山社区基建连小区西，小区现有居民 78 户 365 人，以从事农业生产为主。排污口周边居民日常生活污水乱排乱放，雨洪水未建设管道，造成生活污水和雨水混排。

（3）整改措施

按照溯源排查"一口一策"整治方案，结合现场实际，属地政府与相关部门协商讨论后制定整改措施：建设污水收集管网对居民生活污水进行收集，汇入半壁山污水处理厂进行处理；铺设地下雨水管网收集地面雨水，同时规范地表雨水排放（图1）。

图1　居民生活污水收集管网建设

（4）整治成效

目前，小区生活污水和雨水已实现雨污分流，小区环境面貌明显改善（图2），排污口排放水体水质明显提升。

（5）效益和长效监管分析

已建立长效监管机制，明确半壁山管理区半壁山社区为监管单位，对该排污口进行日常监管。

将不同类型排污口、不同问题和不同整治措施作为第三级归类。

图 2　整治后的居民区

案例 31

安庆市大观区新光闸排涝站排放口整治

（1）基本情况

排污口类型：沟渠、河港（涌）、排干等。

地理位置：安徽省安庆市海口镇。

责任主体：安庆市大观区皖河农场社会事务管理委员会。

主管部门：安庆市大观区水利局。

污染来源：汛期内涝雨洪水。

受纳水体环境管理要求：《地表水环境质量标准》（GB 3838—2002）Ⅲ类水质标准。

（2）问题分析

排口上游水系主要源头为海口镇巨网村漕河，全长约 1 300 m，水域面积约 104 000 m²，周边集聚有 500 人的村民组，该段河道生态缓冲地带较少，且存在河道内围网养殖，河道长期受周围沟渠、汇水面源等村镇生活污水、农业面源污染等影响，加之沿线居民厕改不彻底、截污管网不完善带来的生活污水注入和垃圾倾倒带来的径流污染汇入等原因，以及河道水量缺乏、流动性差等因素，导致河道底泥腐殖质污染严重，水体富营养化严重，河道内杂草丛生，河道丧失自净能力、水体黑臭，影响整个排口上游水系的水环境质量。

（3）整治措施和整治过程

为解决排口溯源的漕河黑臭水体治理问题，大观区将该水系的治理纳入海口镇水环境综合治理项目，实施漕河水系治理与生态修复工程，总投资约 900 万元。漕河水系治理与生态修复工程的实施以问题为导向，采取"点源治理、支流净化、截污控源、生态净化、实时监控"的黑臭水体综合治理技术路线。一是控源截污，通过铺设 600 m 沿河截污管网，建设人工湿地污水处理设施，消除沿线生活污水对河道生态系统的污染，年削减 COD 排放约 80 t，总磷约 30 t、氨氮约 37.5 t；通过对屋前屋后历史垃圾进行清理，对农田化肥农药地膜废弃物进行回收，以及进行生活垃圾收集处理等，年收集转运生活垃圾约 365 t，实现控源截污；二是生态清淤，通过对漕河等进行底泥疏浚，清除内源污染底质，降低水体中污染物质的含量，漕河河道清淤达 9 万 m³，同时对河道内群众私自围网养殖进行清理；三是生态修复及水系连通，通过挺水植物群落、浮水植物群落及沉水植物群落的构建，恢复河道水生生态系统，恢复河道水体的自净能力；通过漕河沿线建设生态经济林40亩,绿色生态防护林486亩,净化流入漕河的地表径流;四是生态护坡,通过生态驳岸的工程措施,恢复坍塌的岸边带系统。

图1 整治前   图2 整治后

（4）整治成效

通过排口上游漕河水系治理与生态修复工程的实施,经季度水质检测显示,漕河水系、新光闸及新光二闸排涝口排水水质均能达到《地表水环境质量标准》（GB 3838—2002）Ⅲ类水质标准要求。

（5）效益和长效监管分析

项目实施完成后将极大地改善排口上游漕河流域水环境质量,同时可有效解决新光闸排涝站水污染问题,提升了排口水质。

3.7 港口码头污水收集处理

长江是我国内陆航运的"黄金水道",沿江城市大都有货运港口和码头。排查中发现,很多港口码头都存在停靠船舶生活污水直排、作业平台冲洗水溢流直排，以及初期雨水收集能力不足等问题。针对这些问题，各地主要采取以下措施进行整治：一是收集纳入城镇污水管网集中处理；二是建设储存接收站，定期进行转运处理；三是自建污水集中处理设施进行处理。

案例 32

恩施州巴东县宜昌巴东海事处生活污水排污口整治

（1）基本情况

排污口类型：港口码头排污口。

地理位置：湖北省恩施土家族苗族自治州巴东县信陵镇沿江大道。

责任主体：宜昌巴东海事处。

主管部门：巴东县交通运输局。

污染来源：宜昌巴东海事处及长江巴东航道处趸船生活污水直排。

受纳水体环境管理要求：污水排入长江干流，执行船舶油、污水"零排放"标准。

（2）问题分析

整改前，该趸船主甲板下船舱内设有两个 13 m^3 的污水储柜，日产污水 1.4 ～ 1.5 m^3，直排长江。

（3）整治措施和整治过程

自 2020 年 1 月 1 日起，宜昌海事局与巴东县移民环保服务有限公司签订《宜昌巴东、归州海事处 2020 年度船舶垃圾、污油水、生活污水接收及处理业务外包协议》，实行污水全收集转运处置。2020 年 6 月，为推动"一零五全三提升"攻坚行动目标，宜昌海事局针对巴东海事处"海事趸1206"移船装置开展趸船污水上岸改造项目。该项目总体设计为在趸船上安装潜水污水泵将生活污水提升至中转泵站，之后由中转泵站转送至市政管网。趸船部分排污工程由专家二次深化设计，趸船外边预留 DN 80 的排污口、法兰接口。趸船排污口管道经过两级跳趸至岸边部分，污水管采用 DN 80 橡胶软管，软管间采用卡箍连接，并在橡胶软管下方设置小浮筒进行支撑，以防软管沉至水底。上岸部分采用 DN 80 涂塑钢管，固定安装在岸边，且在平台及两平台中间部位均设置一个污水管接头，以备河道水位上涨后撤换污水管道使用，在 175 m 高程左右设置中转泵站，污水管道经污水中转泵站提升后经过马路，穿越园林绿化山坡，排放至市政污水井。该项目已于 2020 年完成建设，目前已投入运行。

图1　建设中——转泵站及污水输送管道

图2　污水输送管道及船舶中转泵站污水输送管道

（4）整治成效

通过建设潜水污水泵、污水输送管道、污水中转泵站等装置，将趸船上产生的污水收集后接入市政污水管网，实现趸船污水上岸，不外排，切实解决污水直排长江的问题。趸船建设污水输送管道及配套装置后，可实现趸船办公作业产生的生活污水 100% 收集处理。

（5）效益和长效监管分析

巴东县宜昌巴东海事处生活污水排污口整治项目投入共约 46 万元，通过生活污水 100% 收集处理，实现了船舶污水"零排放"，解决了码头停靠船舶污水直排污染风险隐患问题，也为长江沿岸其他港口码头污水直排问题治理提供了可借鉴的经验做法。

案例 33

枝江市码头雨水排口整治

（1）基本情况

排污口类型：港口码头排污口。

地理位置：湖北省宜昌市枝江市董市镇沿江大道。

责任主体：枝江市某公司。

主管部门：枝江市交通运输局。

污染来源：码头江面设施作业平台、初期雨水等。

受纳水体环境管理要求：《地表水环境质量标准》（GB 3838—2002）Ⅱ类水质标准。

（2）问题分析

枝江市在对长江入河排污口进行前期溯源排查时，发现枝江市董市镇姚家港化工园某公司综合码头江面设施作业平台下雨时初期雨水收集不全，对长江干流环境保护存在一定风险隐患（图1）。

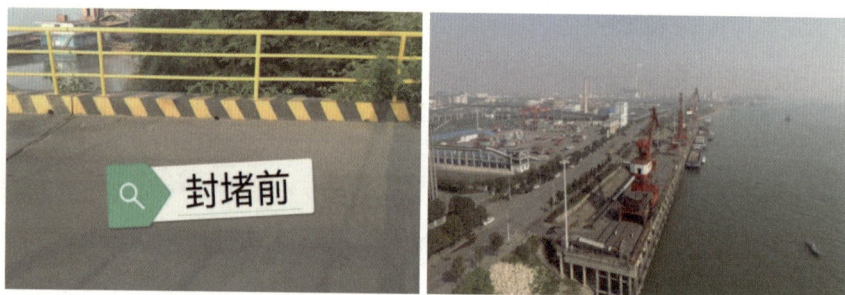

图1　整改前——引桥雨水排水孔，作业平台无初期雨水系统

（3）整治措施和整治过程

枝江市将该码头雨水纳入长江入河排污口整治清单，并列为重点监管点位，制定"一口一策"实施分类整治，明确枝江市交通运输局为该排口整治主管部门。枝江市交通运输局成立了长江入河排污口整治专班，由枝江市港航事业发展中心牵头负责，枝江市交通运输综合执法大队、生态环境分局等职能部门通力配合。按照"一口一策"整治方案要求，细化工作措施，督促码头企业封堵4座引桥排水孔、规范建设作业平台初期雨水收集系统（图2）。

图2　引桥排水孔封堵和建立雨水收集柜

2020年，该码头先后投入80万元开展作业平台初期雨水收集设施改造，投入300余万元建设雨水收集系统循环利用消防水池，主要采取的措施包括：

①作业平台初期雨水收集设施改造。按照码头环保建设规范要求，封堵4座引桥排水孔共16个，作业平台每100 m建设1个初期雨水收集柜，每个雨水收集柜容量为8 m^3，共建设雨水收集柜4个，并安装自动排水系统，将收集到的雨水通过泵抽至消防水池沉淀利用。

②建设雨水收集系统循环利用消防水池。针对码头平台初期雨水设置初期雨水收集系统，采用多点收集、集中处理的方式。建设雨水收集循环利用消防水池1座，消防水池总容积150 m^3，分为三级沉淀，污水排入城市管网，沉淀后的雨水进入消防水池，循环利用于车辆冲洗、花卉浇灌、消防应急等（图3）。

图3　容积150 m^3 的初期雨水收集系统

（4）整治成效

通过系统改造和治理，该码头共建设4个初期雨水收集柜，码头产生的冲洗水、初期雨水、后期雨水在收集柜达到一定水位后，由提升泵自动抽至厂区污水收集循环利用消防水池，经沉淀处理后的雨污水循环利用于车辆冲洗、厂区花卉浇灌、消防应急等，实现了雨水规范收集处理、循环利用，解决了直排长江的风险隐患。

（5）效益和长效监管分析

该码头雨水排口整治项目前期投入约380万元，后续运维需每年投入15万元，主要是污水沉淀池排污、消防水池管路循环利用维护保养及雨水收集柜、收集管路、抽水泵的维护保养等。

长江沿岸港口码头雨污水直排问题是长江入河排污口排查整治工作中发现的一个突出环境问题，对长江干流生态环境的影响不容忽视。该码头的综合整治工程，既解决了作业平台初期雨水污染风险隐患问题，又对码头平台雨水实现了综合利用。

案例 34

咸宁市嘉鱼县高铁岭镇葛洲坝码头雨水排口整治

（1）基本情况

排污口类型：港口码头排污口。

地理位置：湖北省咸宁市嘉鱼县高铁岭镇。

责任主体：葛洲坝某水泥公司。

主管部门：嘉鱼县交通运输局。

污染来源：码头及引桥区域初期雨水及码头区域冲洗废水。

受纳水体环境管理要求：《地表水环境质量标准》（GB 3838—2002）Ⅲ类水质标准。

（2）问题分析

经溯源核查，码头现有1号泊位、2号泊位、3号泊位，码头及引桥区域初期雨水及冲洗废水通过码头面层现有排水孔、轨道槽两侧排水孔、伸缩缝直接排入长江，对长江水质带来影响。

（3）整治措施和整治过程

①封堵码头面层现有排水孔、轨道槽两侧排水孔、伸缩缝，防止初期雨水及冲洗废水进入水域。

②在电缆拖线槽现有基础上延长，并在原有 2 座集污池内新增设潜污泵（泵流量≥ 30 m³/h，扬程≥ 28 m）及泵排放总管（管径 DN 200，沿码头后沿敷设），同时在码头适当位置增设集污水池（单个集污水池容积约 20 m³，总储存能力超过 100 m³，图 1），池内设有潜污泵 1 台，池内另设置液位控制仪与水泵联动运行，水泵出水管接入至码头后方新增废水总管，最终接入后方陆域沉淀池内处理；新增废水排放管道，管道外设置保温措施（图 2）。

③增设集污水池设置在码头前部两排纵梁之间，浇筑封底板，形成纵梁＋横梁＋底板（新浇）＋侧壁（新浇）＋面板的封闭水池，经济、安全且环保。

④码头面层现有轨道槽内排水孔封堵，在新建集污水池附近设置地漏，将轨道槽内积水排入集污水池（图 3）。

（a）改造前　　　　　　　　　　（b）改造后

图 1　修建集污水池

（a）改造前　　　　　　　　　（b）改造后

图 2　增设废水排放管道

（a）改造前　　　　　　　　　（b）改造后

图 3　轨道槽整治前后

⑤利用码头前沿轨道槽形成排水沟，在下游侧增设集污水池 1 座，在现有电缆拖线槽对应位置增设集污水池 1 座，每座集污水池内设潜污泵。

⑥上下游引桥均坡向码头面，利用引桥坡度，将初期雨水及冲洗废水分别汇集至码头前沿集污水池和码头后沿集污水池，通过泵排至后方接纳陆域沉淀池（图 4）。

⑦污水总管沿码头后沿架设至架空廊道内，通过廊道穿堤接入后方沉淀池。经计算后方陆域接纳沉淀池富余有效容积不小于一次初期雨水收集量，即不小于 80 m³。

图 4 接入陆域沉淀池

⑧架空廊道接堤处压力排水管设置紧急放空阀，后方陆域接纳沉淀池事故时采用槽车接收码头废水。

⑨加强日常管理，对排水沟和集污水池定期清掏，排水设备定期检查维护。

（4）整治成效

整治后码头平面雨污水全部进入集污水池，最终接入后方陆域沉淀池内，废水经自然分级沉降后由某公司作为工业用水循环使用，确保码头初期雨水、污水得到有效收集处理，不直排长江。

（5）效益和长效监管分析

长江大保护，港口码头防污治理是关键环节之一，守好污水入江"最后一公里"至关重要。葛洲坝码头的整治工程，解决了码头作业平台初期雨水污染风险隐患问题，雨污水沉淀后的资源化利用还进一步降低了企业运行成本，实现环保和经济"双赢"。

案例 35

岳阳市城陵矶新港区码头整治

（1）基本情况

排污口类型：城镇雨洪排口。

地理位置：湖南省岳阳市云溪区云港路通关服务中心。

责任主体：湖南城陵矶新港区管理委员会。

主管部门：岳阳市建设管理部。

污染来源：城镇雨水。

受纳水体环境管理要求：《地表水环境质量标准》（GB 3838—2002）Ⅲ类水质标准。

（2）问题分析

在新港区长江入河排污口排查整治中，发现该码头停靠船舶的污水排放对长江干流环境保护存在一定风险隐患。新港区通过现场溯源排查，发现要"治病"需解决三大问题：船舶污水未收集、码头无油污水接收装置、作业平台初期雨水未收集（图1）。

（3）整治措施和整治过程

岳阳市城陵矶新港区管理委员成立了码头船舶污水防治专班，新港区管理委员会牵头负责，岳阳海事、长江航道、生态环境等职能部门通力配合。海事、长江航道等部门以船舶污水为重点开展"双铅封、零排放"行动；生态环境部门配合海事部门依托《长江经济带船舶和港口污染突出问题整治方案》，结合湖南省

图1　整改前—无船舶污水收集系统，码头平台无初期雨水收集系统

干散货码头环保隐患整治，督促码头企业配备船舶生活污水、油污水、作业平台初期雨水收集设施，采用船舶收集、码头接收、第三方转运的方式解决船舶污水排放问题。

2021年，城陵矶集装箱码头先后投入110万元开展船舶污水接收系统改造，投入近20万元开展初期雨水系统改造，主要采取的措施包括：

①船舶工程改造。要求所有靠港船舶实施工程改造，甲板加装隔水挡板，同时设置船舶生活污水收集箱及含油废水收集箱，封堵原有船舶污水直排口（图2）。

②码头工程改造。针对船舶污水，分别设置船舶生活污水接收装置以及含油

图2　船舶设置隔水挡板和污水收集箱

废水接收装置，将接收后的船舶生活污水引入陆域生活污水处理设施进行处理后排入污水处理厂；将接收后的船舶含油废水进行暂存，定期交由第三方船舶油污水收集后转运至危险废物处置单位进行处置（图3）。针对码头平台初期雨水设置初期雨水收集系统（图4），采用多点收集、集中处理的方式进行处理。

③强化全过程监督。全面推广"船e行"App使用，对于船舶产生的水污染物，可以通过"船e行"的水污染功能模块，进行线上预约，查询排放记录，在操作程序上化繁为简；同时，在第三方船舶收集时，通过船舶计量、台账登记与"船e行"信息相互印证，确保污水应收尽收（图5）。

图3　码头油污水收集箱

图4　作业平台初期雨水收集系统

图 5　"船 e 行" App 系统及第三方船舶收集接收

（4）整治成效

通过系统改造和治理，城陵矶集装箱码头已形成"靠泊船舶岸上接收、过驳船舶水上接收、航行船舶流动接收"3 种船舶水污染物接收模式，实现码头船舶污水全接收、"零排放"，从源头解决停靠码头的船舶和作业平台污染物直排长江风险隐患。

（5）效益和长效监管分析

整治项目前期投入约 130 万元，后续运维每年需投入 6 万元，主要是收集的各类污水的转运处理费用。目前，码头企业已同有资质的第三方船舶污水接收公司签订接收协议。

随着《中华人民共和国长江保护法》出台后对船舶污水的严格管控，靠港船舶通过小成本的整改，保护环境的同时避免了自身违法排污的被查处风险。码头企业通过"船—港—城"一体化船舶治污闭环管理，船舶垃圾污水的提前预约、多点接收也给船主提供了便利，极大地削减了船舶运输成本。港口码头企业设置接收系统后，停靠的过路船舶明显增多，也提高了企业在港口行业竞争力。

长江沿岸港口码头溢流直排问题是长江入河排污口排查整治工作中发现的一个突出环境问题，直排污水无序排放对长江干流生态环境的影响不容忽视。新港区码头的综合整治工程，不仅解决了码头停靠船舶污水直排和作业平台初期雨水污染风险隐患问题，形成了"船舶—码头—环境"多方共赢的局面，也为长江沿岸其他港口码头污水直排问题治理提供了可复制、可借鉴、可推广的经验做法。

案例 36

鄂州市华容区某码头生产废水排口整治

（1）基本情况

排污口类型：港口码头排污口。

地理位置：湖北省鄂州市华容区临江乡。

责任主体：鄂州市某公司。

主管部门：鄂州市交通运输局。

污染来源：前期溯源调查发现，污水来源为码头车辆冲洗废水、设备清洗废水、地面冲洗废水等生产废水。

受纳水体环境管理要求：《地表水环境质量标准》（GB 3838—2002）Ⅲ类水质标准。

（2）问题分析

现场溯源时，该码头未建设废水收集处理设施，该码头停靠船舶的污水排放对长江干流环境保护存在一定风险隐患。鄂州市某公司是该排污口规范化整治的责任主体，负责该码头排口升级改造、废水收集设施建设、委托外运和现场环境管理，实现生产废水全收集、全处理。市交通运输局为市级主管部门，负责督促指导码头企业严格按要求规范处置船舶码头污染物，注册使用"船 e 行"系统，落实污染物接收、转运和处置电子联单管理要求。

（3）整治措施和整治过程

①制定《厂区废水循环利用及雨水收集利用方案》，规范建设码头生产废水和初期雨水收集贮存设施，实现码头生产废水全覆盖收集。

②委托第三方按月对已收集贮存的生产废水进行拖运处理。

③强化环保设施运维管理，定期检查贮水箱、提升泵等废水收集贮存设备，确保设备有效投运；安排专人做好日常巡查和检修，确保现场环境规范化管理，无"跑冒滴漏"状况发生。

④加强现场监管，市、区、镇建立三级督导机制，定期检查督促企业建立健全污染防治工作制度，明确人员、责任分工及具体措施等。

（4）整治成效

该码头生产废水排口的主要问题是生产废水未收运，初期雨水横流。经溯源整治和升级改造后，码头生产废水及初期雨水均接入码头污水收集设备并集中外运，无外排。该码头作为湖北某公司的货运码头，迅速制定了废水循环利用及雨水收集利用方案，投资 160 余万元进行系统整治，有效完成了码头的排水系统升级和雨污分流改造，实现了雨水截留、生产废水外运，不外排（图1～图3）。

企业积极履行主体责任，建立责任到岗到人工作制，详细记录收集外运台账资料。市、区、镇三级监管部门采取每周巡查、每月联检方式，强化日常监管力度、范围和频率，做到不留死角盲区。

（5）效益和长效监管分析

该整治项目投入 160 万元。目前，码头企业已同有资质的第三方船舶污水接收公司签订接收协议。长江沿岸港口码头溢流直排问题是长江入河排污口排查整治工作中发现的一个突出环境问题。该码头通过船舶污染物防污、治污闭环管理，不仅有效解决了码头停靠船舶污水直排和作业平台初期雨水污染风险隐患问题，还进一步优化了船舶污染物接收服务，做到靠港船舶污染物 100% 真接收、真转运、真记录，为长江生态环境保护和绿色航运发展贡献了力量。

图1　码头污水收集

图2　回用池喷淋设施管道和喷淋设施

图3　厂区洒水车取回用水管道

3.8　废弃排污口整治

　　一些地方认为，排污口被取缔废弃，已经没有污染来源，就没有封堵或整治的必要，但实际中经常发生废弃排口仍然排污的情况。对于废弃排污口，应按照《入河入海排污口监督管理技术指南　整治总则》（HJ 1308—2023）的要求，采取口门封堵、相应排污通道沿线接口封闭、管线和管道内残液残渣等残留物清理以及其他安全隐患消除等措施。

案例 37

黄石市黄石港区黄石造船厂沟渠整治

（1）基本情况

排污口类型：其他排口［沟渠、河港（涌）、排干等］。

地理位置：湖北省黄石市黄石港区新街 8 号。

责任主体：黄石港区黄石港街道办事处。

主管部门：黄石市生态环境局黄石港区分局。

污染来源：黄石造船厂厂区内道路雨水。

受纳水体环境管理要求：《地表水环境质量标准》（GB 3838—2002）Ⅲ类水质标准。

（2）问题分析

在对排污口排查中发现，该排污口纳水范围主要在原黄石造船厂厂区内，来源于厂区内道路雨水（图1）。该造船厂于2000年破产停工，但废弃排污口并未封堵。

图1　排污口现状及主要溯源路径

（3）整治措施和整治过程

黄石港区生态环境分局、水利和湖泊局、黄石港街道办事处、新闸社区通力配合，2021年8—11月多次采取现场调查溯源的方法，对调查排口进行现场溯源排查。2021年，黄石市启动长江城区段沿江岸线生态整治工程，该排口所在的区域处于整治范围内，故将其纳入了整治。

（4）整治成效

2022年12月，沿江岸线生态整治工程该排口所在的区域整治完工，该排口被取缔，所在区域内栽种了耐涝乔木植物，铺种了草坪、播种了野花，在有景可赏的同时起到水土保持的作用，形成了景观视

图2　排污口整治后

觉连续、布局合理、层次丰满、特色鲜明的江岸风景区（图2）。

（5）效益和长效监管分析

目前，该排污口已完成整治，相关管理部门建立了长效管理机制，加强对该排污口区域范围内的巡查，确保此江滩段岸线无新的排口产生。同时，周边环境整体打造成集休闲、健身步道、绿化于一体的城市公园，是周边居民休闲娱乐的场所。

案例 38

鄂州市葛店开发区某污水处理厂西侧 100 米污水处理厂排口整治

（1）基本情况

排污口类型：城镇污水集中处理设施排污口。

地理位置：湖北省鄂州市华容区葛店镇张铁码头。

责任主体：鄂州市某水务公司。

主管部门：鄂州市生态环境局。

污染来源：葛店经济技术开发区某公司污水。

受纳水体环境管理要求：《地表水环境质量标准》（GB 3838—2002）Ⅲ类水质标准。

（2）问题分析

该排污口位于污水处理厂的一个抽水泵站外，有污水溢流外排风险。

（3）整治措施和整治过程

①封堵拆除，清理沿线管道。为有效解决污水外溢问题，确保华容区污水进入汀桥港污水提升泵站，责任主体通过一系列措施，完成封堵取缔。泵站溢流口

得到复绿，并对下游汀桥港污水泵站泵坑进行了清淤工作，让污水泵站腾出空间收纳更多污水。

②加强监管，避免污水外溢。新建增设了事故调节池，如遇暴雨天气泵站收纳污水量过大，将过量的污水引入事故调节池，通过污水处理设施处理后，回用厂区绿化。

③加强日常值守监控。安排污水处理厂中控值班员 24 小时值守，通过视频监控和组态程序对污水处理厂、污水泵站相关液位等数据信息、视频进行实时监控，做到及时发现和解决泵站污水外溢问题。

④制定应急方案，突发状况污水收集外运。制定环境污染事件应急预案，对汀桥港污水泵站可能发生的异常情况，制定相应的应急预案，采取有效措施，确保污水不外溢。

（4）整治成效

完成了泵站溢流口的封堵取缔。对原本无序化设置的废弃排污口覆土覆盖，并种植绿植进行绿化，保持水土的同时还能净化美化环境。此外，完成管道清理、泵站泵坑清淤、增设事故调节池，以及加强日常监管等相关工作，排口整治起到了较好成效（图1）。

（5）效益和长效监管分析

集中式城镇污水处理厂是社会公众普遍关注的重点。该入河排污口虽为其他类，整治措施为取缔，但属地政府并没有采取"一刀切""一堵了之"等简单粗暴的解决方式，而是通过压实责任主体责任，制定"一对一"的整治方案，并监督污水处理厂逐条逐项实施。量身定制了排口前段管道清理、泵站泵坑清淤、增设事故调节池、实施视频实时监控等整治措施和手段，并统筹考虑了下游受纳水体的纳污能力和环境容量，体现了流域综合治理的系统性，起到了以排污口整治倒逼水质改善的目标导向，具备较好的可推广性。

图 1　排污口整治后

案例 39

武汉市洪山区八吉府街新集陵园南侧 150 米厂房厂区雨水排口整治

（1）基本情况

排污口类型：工业排污口。

地理位置：湖北省武汉市洪山区八吉府街道。

责任主体：八吉府街道办事处。

主管部门：武汉市生态环境局青山区分局。

污染来源：经查该厂原为武汉德巨齐包装制品有限公司厂房，由于经营不善，厂区目前已废弃。但在整治、巡查过程中发现，附近村民使用该厂内废弃厂房养猪、浇菜。

受纳水体环境管理要求：《地表水环境质量标准》（GB 3838—2002）V类水质标准。

（2）问题分析

该排污口在溯源和整治前期归纳为工业排污口。但在整治过程中发现，原厂房责任主体已经失联，厂房已废弃，周边村民便对废弃的房屋进行了改造，空地用作菜地，空置房屋临时用作养猪。在养殖过程中产生的冲洗用水、粪便等垃圾会排入该排污口。

（3）整治措施和整治过程

在整治过程中，原责任主体变更，排污口功能发生改变，村民工作开展较为困难。青山区生态环境分局联合八吉府街道办事处、新集村村委会多次赴村里寻找该村民，后多次进行现场教育引导，最终该村民同意腾退该处空房，并由新集村安排工人对该处排污口进行了封堵。

（4）整治成效

该排污口已封堵。

（5）效益和长效监管分析

按技术标准要求对废弃排污口和排污通道进行封堵整治，是对排污口实施有效监管、避免二次或多次排污风险的重要手段。本案例通过排污口日常巡查监管，发现潜在环境问题，并妥善处置解决，具有较好的示范作用。

第
4
章

小流域系统治理案例

4.1 流域面源污染治理

面源污染是影响河流水质的重要因素，也是流域污染治理的难点问题。本节介绍的 6 个案例，有的通过截污清淤、建设生态浮岛、改造湿地净化系统等，实施生态治理；有的通过控源截污、内源治理、生态修复、活水保质，实施系统整治；还有的通过开展宣传培训，引导农户树立环保观念，科学种植养殖，减少农药化肥施用量。

案例 40

南京市鼓楼区上元门泵站排口综合整治工程

（1）基本情况

排污口类型：其他排口［沟渠、河港（涌）、排干等］。

地理位置：江苏省南京市鼓楼区宝塔桥街道燕江路 58 号。

责任主体：鼓楼区宝塔桥街道办事处。

主管部门：南京市鼓楼区水务局。

污染来源：该泵站主要收集中央北路、燕江路、永济大道周边约 2.1 km² 的汇水，通过上元门十七沟河道进入泵站前池，经自流涵、泵机出水口两个排口排入长江。

受纳水体环境管理要求：《地表水环境质量标准》（GB 3838—2002）Ⅲ类水质标准。

（2）问题分析

在系统整治前，泵站前池水体为黑臭状态。2020—2022 年，通过外金川河流域二期西部片区、外金川河三期张王庙流域片区等雨污分流清疏修缮工程，对河道上游 6 个居民片区分批次完善了雨污分流建设，修缮管网 2.8 km，结合管网常态养护、排水行为强化监管等措施，前池水质已基本完成"消黑、消劣"，但仍不能稳定达到直排长江Ⅲ类水的水质要求。长江入河排污口整治中对泵站前池水质取样检测氨氮 1.9 mg/L、总磷 0.17 mg/L、总氮 3.24 mg/L。定期对主要水质指标的监测显示，前池氨氮指标在 1.5 ～ 3.0 mg/L 波动，总体处于Ⅳ～Ⅴ类水的微污染状态，且雨后存在指标明显变差、恢复周期长等问题（图 1）。

图 1　泵站前池"消黑、消劣"前后对比

（3）整治措施和整治过程

为进一步提升上元门泵站前池水质，在不影响泵站正常排涝功能的前提下，鼓楼区水务部门通过对上元门泵站前池水体综合调研评估，投入约 100 万元，创新性采用漂浮式拼装湿地装置进行原位净化。该装置以垂直流人工湿地工艺为核心，将低污染水投配到由填料与水生植物、动物和微生物构成的独特生态系统中吸收降解有机物，并辅以强力循环系统大大提高净化能力。上元门泵站前池拼装湿地分为动力模块和高效模块两部分，1组动力模块提供进水预处理和投配水动力，以去除水体中的悬浮物和COD为主；6组高效模块以去除水体中的氨氮为主，并围绕拼装湿地构建了上元门上游十七沟与前池的水循环系统，对上游水体和前池进行循环处理，模拟自然湿地的结构和功能，设计处理能力4 800 m³/d（图2）。

除水质处理外，拼装湿地上还种植美人蕉、香蒲、千屈草、旱伞草、圆币草等绿化植物，形成景观生态小岛，加上前池中水生动物种类众多，共同构建起水质净化功能提升与生物多样性保护协同的近自然系统。

图2　自流涵排口整治前后对比

（4）整治成效

2022年年底净化装置投入运行后，上元门泵站水质逐步趋好并稳定，经连续3个月检测，氨氮稳定在0.25～0.6 mg/L、总磷0.07～0.12 mg/L、COD 7～11 mg/L，稳定达到《地表水环境质量标准》（GB 3838—2002）Ⅱ～Ⅲ类水质标准。

（5）效益和长效监管分析

鼓楼区上元泵站位于南京城主要轴线中央北路最北端，紧邻长江和正在建设的中央北路滨江风光带观江平台，未来是城市重要特色空间节点。通过原位生态净化整治泵站前池水体，水环境明显改善，为"上元门城市客厅"更好地展示滨江风貌、打造人水和谐的亲水环境提供了基础，成为鼓楼滨江风光带的一张亮丽名片。

案例 41

宜昌市秭归县长江茅坪河段入河排污口整治

（1）基本情况

排污口类型：工矿企业排污口、城镇生活污水散排口、城镇雨洪排口。

地理位置：湖北省宜昌市秭归县长江茅坪河段。

责任主体：宜昌市秭归县。

主管部门：宜昌市秭归县住房和城乡建设局、生态环境局秭归县分局。

污染来源：茅坪河沿岸共有 51 个入河排污口，其中需要开展整治的有 18 个，主要污染来源为周边工业企业废水和居民区生活污水。

受纳水体环境管理要求：《地表水环境质量标准》（GB 3838—2002）Ⅴ类水质标准。

（2）问题分析

茅坪河段 18 个规范类和取缔类入河排污口在第一轮溯源排查中发现 COD、氨氮、总磷等指标超标的问题，部分排污口周边散落生活垃圾。在 18 个入河排污口中，一部分为原城镇雨洪排口，混入了工业企业废水和居民区生活污水后，导致水质监测不达标；另一部分为废弃或正在使用的工业企业排污口，现场发现仍有污水渗出。

（3）整治措施和整治过程

完成城区茅坪河段入河排污口整治是秭归县入长江河排污口整治工作中的首要任务，也是茅坪河流域综合治理的至关重要的一环，秭归县生态环境保护委员会依托茅坪河流域综合治理，积极谋划项目资金，加强部门协同配合，从执法监管、现场整改、水质监测、规范建设等方面入手，全方位开展整治工作。2023年，秭归县组织茅坪镇人民政府、湖北秭归经济开发区管委会、市生态环境局秭归县分局、秭归县住建局共同负责整治工作，共计投入800万元，用于雨污分流改造、管网建设施工及现场规范化建设。主要采取了以下措施：

①市政污水管网路线复核（图1）。2023年4月，秭归县住建局组织对茅坪城区市政污水管网路线现场定位，修正县城污水管网路线图，重点对入河排污口附近的污水管网进行标记，为入河排污口整治前期工作的方案规划做充足准备，也为后期截污纳管施工打好铺垫。

图1　市政污水管网路线复核

②入河排污口整治（图2）。秭归县生态环境保护委员会组织茅坪河流域入河排污口整治工作专班，深入现场对18个入河排污口及其周边进行检查。一是摸清入河排污口来水，根据水质监测报告及排口周边工业企业和居民区分布情况，

判定污水来源，为下一步雨污分流改造整治方案，对污水坚决按照相关规范标准接入市政污水管网。二是检查入河排污口周边环境状况，对于垃圾、底泥等杂物比较多的不达标排污口，现场确定整改责任人，制定时间节点，定期巡视整改情况。三是形成常态化水质监管，入河排污口整治完成后，须经水质监测达标后才开展验收，对于每个排污口设置标识牌，公布入河排污口信息，线上线下同时形成"一口一档"备案资料。

图 2　入河排污口整治和水质监测

③强化监督管理。以涉水企业为重点，加大执法监管力度，督促工业企业认真落实环保措施，工业园区内工业生产废水经预处理后接入县城污水管网规范处理。以畜禽养殖污染治理为重点，做好陈家冲流域畜禽污染整治相关工作，实行沿岸 50 m 范围内养殖场退出机制，从源头减少水质污染。

（4）整治成效

茅坪河段已完成整治的 16 个入河排污口除需直接接入市政污水管网的外，其余排污口水质监测均达到《地表水环境质量标准》（GB 3838—2002）V 类水质标准，雨污分流改造后，居民区的生活污水和工业企业废水能够得到有效收集，并输送到县城污水处理厂进行处理，使茅坪河流域已探明的入河排污口全部实现"零污水"外流。

（5）效益和长效监管分析

茅坪河段入河排污口整治前后共计投入 1 000 万元，后期污水处理成本主要来自污水处理厂运营。排污口的整治使茅坪河水环境污染治理压力减小，后续会持续投入资金开展常态化水质监测，巩固整治成果。入河排污口完成整治后，整个茅坪河流域的水质得到进一步改善，由《地表水环境质量标准》（GB 3838—2002）V 类水质标准提升至 III 类水质标准，为工业企业生产经营和居民健康生活提供良好的环境基础。

案例 42

仙桃市仙下河入河排污口整治

（1）基本情况

排污口类型：城镇生活污水散排口、城镇雨洪排口。

地理位置：湖北省仙桃市仙下河城区段。

责任主体：湖北省仙桃市人民政府。

主管部门：武汉市仙桃市住房和城乡建设局。

污染来源：居民区生活污水和雨水汇流。

（2）问题分析

仙下河城区段北起秦家湾闸，南至叶王路，横穿老城区人口稠密区，全长5.5 km。由于历史原因，仙桃市老城区雨污分流管网建设不彻底，雨污管网存在错接、混接现象，合流制生活污水通过雨洪排口或者通过合流制排口直排入河，造成仙下河水环境质量日益恶化（图1）。

图1　仙下河直排入河排污口整治前

（3）整治措施和整治过程

为切实改善仙下河水环境质量现状，仙桃市委、市政府按照"控源截污、内源治理、生态修复、活水保质"的科学治理路径，实施建设仙桃市仙下河入河排污口整治工程。工程实施内容主要包括雨污分流、排污管网建设和排污口封堵、清理合并规范化。工程建设总投资5 168万元。主要措施包括：

①污水主管网建设。在仙下河老318国道段新建污水主管网5.5 km（图2），将原直排仙下河的污水进行截污，全部收集进入市政污水收集管网，排入仙桃市城东污水处理厂进行处理，出水水质执行《城镇污水处理厂污染物排放标准》（GB 18918—2002）一级A标准。

图2　沿仙下河新建污水主管网

②雨污混排管网改造。通过建设截污管网将24处雨污混排入河口全部进行纳管封堵，并将生态环境部交办的30个雨洪排口进行规范化建设并安装截止阀进行管控。通过该工程项目的实施，彻底解决了仙下河城区段雨污混排、污水直排入仙下河等水污染问题（图3）。

图3　对直排仙下河的入河排污口进行截污

（4）整治成效

①通过改造雨污混排管网、建设截污管网，将原雨污混排污水全部收集进入城东污水处理厂处理，达到《城镇污水处理厂污染物排放标准》（GB 18918—2002）一级A标准后排放。污水截污管网和雨污混排口封堵、雨洪排口规范化建设已建设完成，仙下河已实现雨污分流，城镇雨洪排口只有雨天排水，工程的实

施可进一步减少长江污染物排放量。

②通过雨污分流改造、截断污水直排入河，仙下河已恢复"水清岸绿、鱼翔浅底"的生态廊道景观，给周边居民提供了良好的休闲娱乐新场所（图 4）。

图 4　仙下河入河排污口封堵整治后现状实景图

仙桃市仙下河入河排污口整治工程是由仙桃市住建局负责，通过实施雨污分流、排污口封堵整改，严控污水直排入河，真正从源头上解决入河排污口对河流水质污染问题，切实改善河流水质。

（5）效益和长效监管分析

仙桃市将进一步完善长江入河排污口管理制度，强化长江入河排污口设置审查、监督监测等全过程监管，通过长江入河排污口分类整治，形成长效监管机制，确保仙桃市水生态环境质量稳定改善，为高标准打好碧水保卫战、高水平提升长江大保护作出仙桃市的努力，也为小流域排污口污水直排问题综合整治提供了可复制、可借鉴、可推广的经验做法。

案例 43

无锡市宜兴市殷村港（周铁镇）小流域综合治理工程

（1）基本情况

排污口类型：农业农村排口。

地理位置：江苏省无锡市宜兴市周铁镇。

责任主体：无锡市宜兴市周铁镇人民政府。

主管部门：无锡市宜兴市农业农村局。

污染来源：农田退水。

受纳水体环境管理要求：《地表水环境质量标准》（GB 3838—2002）Ⅲ类水质标准。

（2）问题分析

浯溪荡湿地范围内断头浜数量较多，水系不畅，区域农业种植面积较大，农田退水入湖行程较短，营养物质未经净化即通过殷村港进入太湖。监测结果显示，农田退水水质总磷浓度为 0.38 ~ 0.43 mg/L、氨氮浓度为 0.75 ~ 1.66 mg/L。在陆地输入负荷、太湖内源释放、风浪搬运作用三重污染汇聚下，殷村港入湖口湖泛等水质恶化现象时有发生。

（3）整治措施和整治过程

无锡市宜兴市殷村港（周铁镇）小流域综合治理工程监管单位为宜兴市农业农村局，实施主体均为宜兴市周铁镇人民政府，经费来源为省级"治太"统筹资金 1 200 万元和周铁镇人民政府自筹，整治工程于 2020 年 8 月开工，2021 年

5 月竣工，实际支出 1 592.81 万元。

通过该整治工程，共清理河道 118 575 m²，清理岸带 39 037 m²，地形改造 32 215 m²，生境改良 31 948 m²，垃圾清理 70 m³，短驳筑岛 6 821 m³，清淤 33 951 m³，河道围堰 78 m，淤泥堆场围堰 800 m，水生植物 48 929 m²，水生动物 7 940 kg，生物基网 392 m，生态浮岛和毛刷净化系统 881 m²，水面保洁 115 026 m²，曝气机电设备 7 套，管涵 2 座，栏杆 54 m，景墙 13 m，块石铺地 65 m²，整理绿地 41 038 m²，乔灌木种植 545 株，地被草本种植 33 306 m²，如图 1 ～图 4 所示。

图 1　整治工程示意图

图 2　整治前

图 3　整治中

图 4　整治后

（4）整治成效

整治工程的实施有效拦截处理了收集范围内的农田退水，浯溪荡出水水质得到明显改善。每年实现氨氮、总磷分别减排 1.2 t 和 0.41 t 以上，浯溪荡出水水质主要指标 COD、氨氮、总磷达到《地表水环境质量标准》（GB 3838—2002）Ⅲ类水质标准。

（5）效益和长效监管分析

通过本工程，在实现区域污染削减的同时，也形成了区域标志性湿地景观。崇村浜、棠下浜、南塘浜、浯溪塘浜等河流实现生态修复，增强了湿地整体的藏纳与缓冲能力。

该工程的实施改善了周边生态环境，吸引了大量鸟类及水生生物聚集，湿地生物多样性得到明显提升，湿地景观效果日益显现，受到周边居民的一致好评，提升了居民幸福感与满意度。

案例 44

湘潭市雨湖区唐兴桥排渍入湘江排口整治

（1）基本情况

排污口类型：城镇雨洪排口。

地理位置：湖南省湘潭市雨湖区雨湖路街道。

责任主体：雨湖区窑湾街道。

主管部门：湘潭市雨湖区人民政府。

污染来源：该排口为市水利局十万垄大堤管理所下辖唐兴桥泵站应急排放口，

正常情况下晴天无水排放。当汛期来临，湘潭市河西污水处理厂能力不够时，为保堤内安全，雨湖区老城区雨污合流水经本应急排口入江。

受纳水体环境管理要求：《地表水环境质量标准》（GB 3838—2002）Ⅴ类水质标准。

（2）问题分析

该排口上游汇水属于唐兴桥流域。唐兴桥流域位于湘潭市雨湖区老城区，汇水面积约 28.29 km^2，共有万垅渠、长城一级渠、长城二级渠和江麓西干渠 4 条渠道，总长度约 22.1 km，其中明渠 16.3 km，暗渠 5.8 km。治理前，随着城市的发展，污水直排渠道问题日益严重，这 4 条渠道除承担城区排涝、灌溉功能外，逐步成为排污渠，成为典型的城市黑臭水体。

唐兴桥流域内主要市政道路上基本为雨污混排系统，雨污水混接错接、雨污合流直排问题突出；流域范围内雨污水混排进入唐兴桥泵站前池，唐兴桥污水泵站 COD 浓度仅为 30～40 mg/L，通过截流进入湘潭市河西污水处理厂，污水处理效能低下。

该排口入湘江口处为湘潭市一水厂、三水厂二级饮用水保护区，入湘江口下游 3.1 km 为三水厂一级饮用水保护区；入湘江口上游 300 m 为湘潭市一水厂取水口，入湘江口下游 4.1 km 为湘潭市三水厂取水口（图1、图2）。该排口为唐兴桥泵站应急排口，正常情况下晴天无水排放。当汛期来临时，湘潭市河西污水处理厂能力不够时，为保堤内安全，老城区雨污合流水经本排口入江，存在环境风险，水环境问题交织，流域生态环境亟待改善。

（3）整治措施和整治过程

2021 年，湘潭市委、市政府坚持问题导向，结合水源地保护、片区污水处理提质增效、唐兴桥水环境治理的现实需求，按照系统化设计，标准化施工，多元化筹资，协同化管理的"四化"举措实施唐兴桥流域水环境综合治理（图3）。

图1   入河排污口位置

图2   入河排污口周边环境

　　针对现状存在的问题，经过问题诊断、系统分析、方案论证、技术评判，采取管网完善、截污清淤、前池改造和生态净化四大工程措施对流域水环境问题进行系统化治理。一是完善管网，推进地块雨污分流改造，实现主要市政道路的雨污分流；削减污水进入渠道，污水不再混排入渠，共计新建管网24 km，实现19条道路的雨污分流改造。二是截污清淤，对长城一级渠、长城二级渠、江麓西干渠沿线污水进行截污纳管，通过底泥清淤扩大渠道容积、降低渠道底泥污染，共完成5 km长的暗渠截污纳管、约2万 m³的淤泥清理。三是前池改造，对唐兴桥泵站前池进行清污分流改造，污水通过污水转换井进入湘潭市河西污水处理厂处理。渠道水通过提升泵压力提升至湿地处理，减少3万～5.48万 m³/d 渠道水进入唐兴桥污水泵站，提升了污水处理厂进水浓度。利用前池初雨调蓄容积约 2.5 万 m^3，极大降低了溢流污染频次。四是生态净化，新建 2.5 万 m^3/d 人工湿地一座，将旱季渠道水、微污染水、初期雨水经湿地进一步净化处理后达标排放。

图 3　综合治理工程示意图

（4）整治成效

通过"四化"举措，实现了唐兴桥流域各条渠道水质明显改善，唐兴桥前池清污分流、溢流污染得到有效控制，污水处理厂进水 COD 浓度有效提升的目标，推动唐兴桥流域水环境问题高质量整改，有效降低饮用水水源地环境风险。

（5）效益和长效监管分析

湘潭市住建、财政、生态环境等部门多渠道筹资，首先，申报中央生态环境资金项目专项资金、河西污水处理厂厂网一体化专项债券资金、中央黑臭水体示范城市奖补资金，取得了上级资金的有力支持；其次，按照"谁污染，谁负责"原则，由各企事业单位自筹资金推进源头地块内雨污分流改造，通过多措并举，

图 4　前池改造前　　　　　　　　图 5　前池改造后

图 6　暗渠截污改造前

多元化筹资，共计投入 19 996.2 万元用于整治工作，有效解决了资金难题。按照系统化、流域化的治理思路，整体布局，协调推进，持续推进片区雨污分流改造，建立长效管理机制，持续加强流域水体运维管理，确保流域水清岸绿、水体长制久清，切实增强人民群众的获得感和幸福感（图 7～图 9）。

图 7　暗渠截污改造后

图 8　湿地选址建设前

图 9　湿地选址建设后

案例 45

咸宁市嘉鱼县高铁岭镇临江村八一桥 2 号农业农村排污口整治

（1）基本情况

排污口类型：农业农村排污口——水产养殖排污口。

地理位置：湖北省咸宁市嘉鱼县高铁岭镇人民政府。

责任主体：嘉鱼县农业农村局。

主管部门：咸宁市农业农村局。

污染来源：农田退水和水产养殖尾水。

受纳水体环境管理要求：《地表水环境质量标准》（GB 3838—2002）Ⅲ类水

质标准。

（2）问题分析

通过溯源调查发现，该排口存在临江村农业种植面源污染和水产养殖尾水污染问题。

（3）整治措施和整治过程

技术培训。高铁岭镇人民政府联合县农业农村局到临江村开展了长江入河排污口整治农业技术培训班（图1），培训班上农业农村局技术人员向种养殖户推广绿色低碳水产健康养殖和农作物病虫害绿色防控等，指导种田户下载测土配方施肥App，鼓励开展有机肥替代化肥和生态健康养殖模式行动。

图1　召开农业技术培训会

加强宣传。在临江村悬挂"让我们共同行动起来，让长江更绿更清更畅"宣传横幅，营造保护长江水资源浓烈氛围。同时，临江村村干部到各个种植、养殖户家中发放了测土配方应用手册、农业技术指南和农作物施肥技术指南等宣传手册，并让种植、养殖户签订了绿色科学种植、养殖承诺书（图2、图3）。

清淤除杂。临江村组织人员对排污口上方长约2 km沟渠旁边的"白色垃圾"、杂草枯枝进行清理，对排口处的水葫芦进行了清理，同时调运挖机对沟渠进行清淤（图4、图5）。

图 2　悬挂横幅、入户宣传

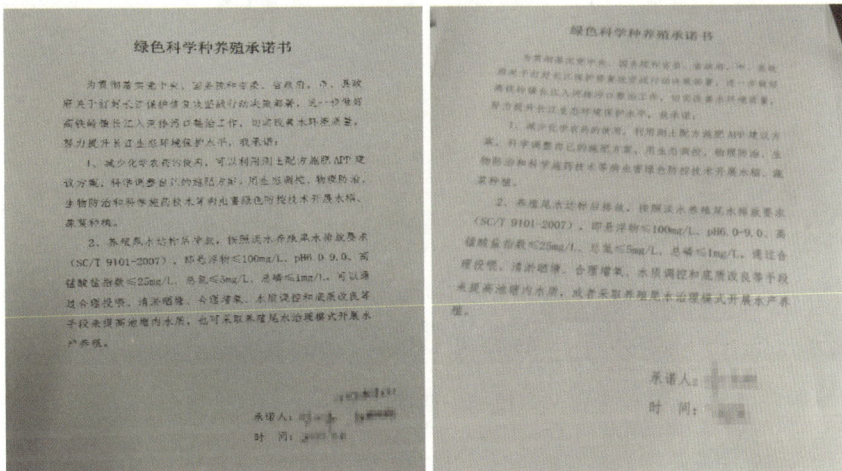

图 3　签订绿色科学种植、养殖承诺书

严抓落实。高铁岭镇农业技术服务中心对农药、化肥施用量进行了统计，全镇上半年农药和化肥施用量同比分别下降了 8.4% 和 5.8%，农药化肥减量化效果显著。

图 4　清理水葫芦

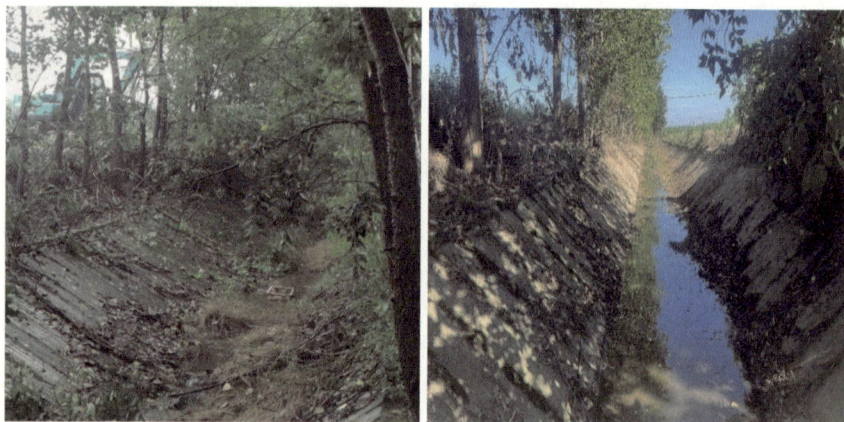

图 5　清理沟渠

（4）整治成效

排污口周边环境卫生得到有效改善，排污口处的水葫芦已清理干净，排污口连接沟渠已疏通并将周边"白色垃圾"和杂草枯枝清理干净。

出水水质得到明显提升，监测结果显示，2022 年 8 月该排口出水达到地表水Ⅳ类水质标准，2023 年 4 月该排口出水达到地表水Ⅲ类水质标准。

（5）效益和长效监管分析

通过排污口整治，使周边种养殖户的环保观念得到有效转变，提高了保护长江水资源思想意识，对农药化肥减量增效、测土配方施肥、有机肥替减化肥、绿色低碳水产健康养殖等方面的认识有了质的提升。

4.2　劣Ⅴ类水体综合治理

《"十四五"重点流域水环境综合治理规划》（发改地区〔2021〕1933号）要求，到2025年地表水劣Ⅴ类水体基本消除。目前，长江流域部分河港沟渠仍然存在劣Ⅴ类水体。劣Ⅴ类水体治理是一个系统工程，需要根据各地实际，因地制宜，多措并举。本节介绍的几个案例采取的措施包括控源截污、节水减污、河道补水、环保疏浚、生态修复、建设人工湿地等多种方式。

案例 46

重庆市江北区盘溪河入嘉陵江口整治

（1）基本情况

排污口类型：其他排口〔沟渠、河港（涌）、排干等〕。

地理位置：重庆市江北区大石坝街道办事处。

责任主体：重庆市江北区大石坝街道办事处。

主管部门：重庆市江北区住房和城乡建设委员会。

污染来源：地表水。

受纳水体环境管理要求：《地表水环境质量标准》（GB 3838—2002）Ⅱ类水质标准。

（2）问题分析

随着城市化进程，盘溪河全流域均建设成为繁华的城市建成区，7.14 km 河道成为地下箱涵，箱涵中管网错综复杂、雨污混流，加上面源、内源污染消除不彻底、管理不到位等原因，盘溪河水质逐渐恶化为劣 Ⅴ 类。

（3）整治措施和整治过程

2019 年以来，按照"污染源消除 + 水环境修复 + 智能化管控"的技术路线实施系统化治理，着力打造盘溪河清水绿岸。一是系统施策，实现"污染源消除"。实施管网整治 3 km、截污改造 77 处，管网修复 28.8 km、修复点位 856 处；新建排口分流井 14 座、分洪管 2 处；实施 2 个正本清源改造项目；增加箱涵结构性修复工程 76 处；完成战斗、百林、茶坪、吴家湾等 7 座水库内源治理。实施面源污染控制，新建初雨调蓄池 3 座调蓄能力达 12 600 m³，新建湿地和生态库约 9 000 m²。二是"三水"共治，实现"水环境修复"。种植沉水植物、挺水植物约 15.2 m²，修复水生态；修建格宾护坡 1.1 km，完善和修复大坝和放水设施 6 处，巩固水安全；新建水质提升回用设施 6 座、处理能力达到 2.5 万 t/d 和水循环系统 5 套，保障水资源。三是智慧赋能，实现"智能化管控"。新建智慧水务平台 1 套、建设流域管控站 1 个、智慧水质监测站 21 个、水库水位站 7 个、流量站 29 个、气象监测站 2 个、视频监控 20 套，建设管网水质监测点 12 个、管网流量点 30 个、管网液位点 70 个，实现"气象 + 水体"的管控联动，确保盘溪河长制久清。

（4）整治成效

由于重庆山地城市特色，水系水网发达，部分生活污水混入山水、溪水中，导致山水、溪水水质变差、异味明显。以前，为快速有效解决此类突出问题，各地在入江处设置拦截坝或截流堰，采取自流或提升的方式将混入污水的山水、溪水全部接入污水管网，整治形式简单粗暴，导致城市污水处理厂进水 BOD 浓度低、截流堰处排污口雨季大量溢流等突出问题。自 2020 年以来，重庆市以剥山水、去溪水、收污水为重点，加快实施清污分流整治，加快剥离进入污水系统的山水、溪沟水、河水等外水，不断畅通山水、溪沟水排放渠道，大力实施 D18-2 线、D24 线、B21 线、B22 线、B23 线、B24 线、B25 线、B31 线山水入网整治以及渔鳅浩、杨家河沟、大沙溪、茅溪河、清水溪等清污分流改造工程，基本实现溪水入江、污水入网。

整治后盘溪河水质明显改善，入江口水质达到《地表水环境质量标准》（GB 3838—2002）准Ⅳ类标准，实现"水清岸绿"整体蜕变，优美的城市水景切实提升了群众的获得感和幸福感。

排污口整治前后对比如图 1～图 3 所示。

图 1　排污口整治前

图 2　排污口整治中

图 3　排污口整治后

案例 47

重庆市江北区溉澜溪入江口整治案例

（1）基本情况

排污口类型：沟渠、河港（涌）、排干等。

地理位置：重庆市江北区五里店街道北滨二路。

责任主体：重庆市江北区人民政府。

主管部门：重庆市江北区住房和城乡建设委员会。

污染来源：城镇生活污水。

受纳水体环境管理要求：《地表水环境质量标准》（GB 3838—2002）Ⅱ类水质标准。

（2）问题分析

溉澜溪为长江一级支流，总长度 10.7 km，流域总面积约 13.65 km²，因全流域范围高度城市化，沿岸排水管网问题突出，水质一直呈劣 Ⅴ 类。

（3）整治措施和整治过程

一是实施雨污分流改造＋错接漏接改造＋污水截流工程。利用 CCTV 管道机器人、QV 管道潜望镜等技术手段，查溯雨污管网错接和渗漏点位，改造错接点 34 处、长度 2.39 km，化学注浆修复管道裂缝 821 m，空洞注浆修复 395 m³，清掏主线箱涵 3.44 km、支线箱涵 4.51 km，清淤总量 3 000 m³，新建一体化提升泵站 3 座，雨污分流改造后的污水全部接入排污管道。二是实施水质净化提升＋回用河道补水＋河岸生态修复工程。新建 4 万 m³/d 水质提升站 1 座，配套管网 4.2 km，采用"磁混凝沉淀＋曝气生物滤池"工艺，排水提标至准 Ⅳ 类，部分尾水回补上游河道；河内种植沉水植物、放殖净水鱼类；河岸按照"海绵城市"理念，布置生态滤沟 3.56 km，沿河实施生态还绿，铺设景观步道，打造清水绿岸生态廊道，为群众提供亲水休憩场所。

（4）整治成效

通过流域生态修复综合施策，一并整治了重庆市江北区溉澜溪海尔路旁城镇雨洪排口、重庆市江北区新华水库排水口等3个入河排污口，溉澜溪入江排口水质明显改善，生态功能逐步恢复，入长江口水质稳定达到《地表水环境质量标准》（GB 3838—2002）Ⅳ类水质标准，"水清岸绿"的城市水景不断提升了群众的获得感和幸福感。

排污口整治前后对比如图1～图3所示。

图1　排污口整治前

图2　排污口整治中

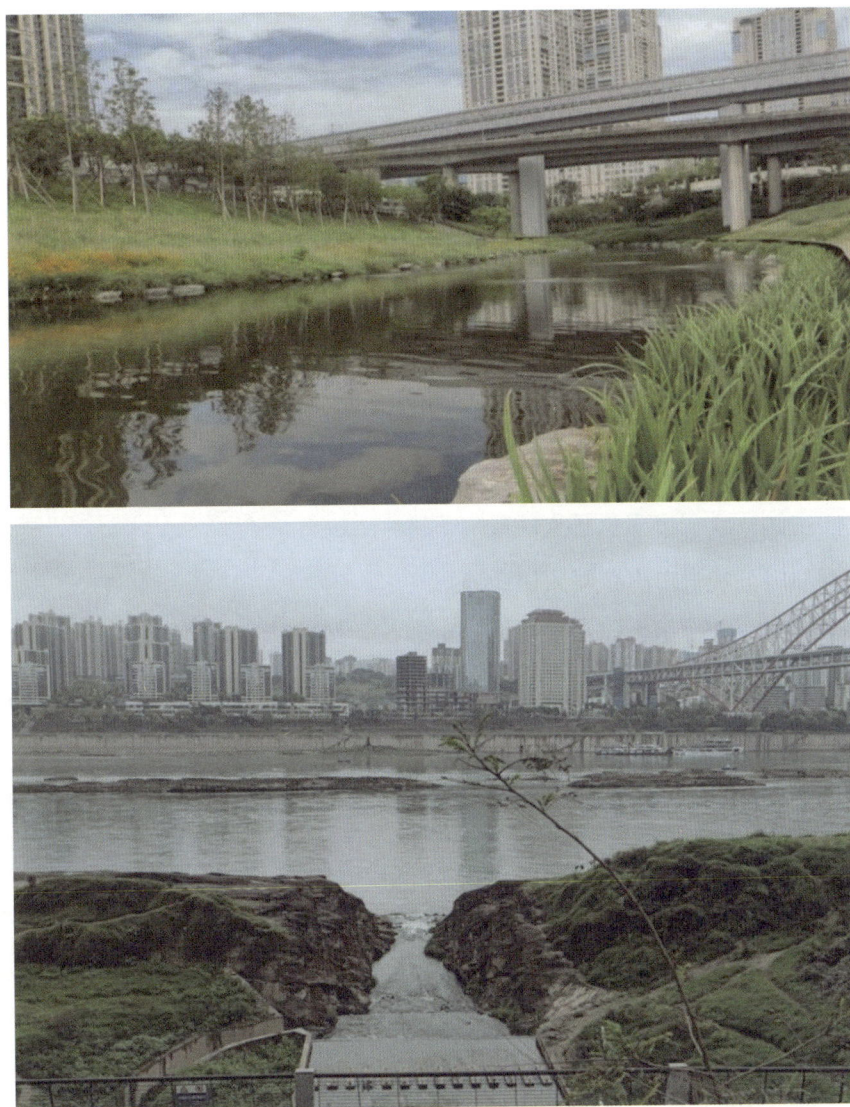

图 3   排污口整治后

案例 48

咸宁市嘉鱼县陆码河流域长江入河排污口整治

（1）基本情况

排污口类型：陆码河小流域。

地理位置：湖北省咸宁市嘉鱼县。

责任主体：咸宁市嘉鱼县人民政府。

主管部门：咸宁市嘉鱼县人民政府。

污染来源：城镇和农村生活污水，工业生产生活废水，雨水汇流。

受纳水体环境管理要求：《地表水环境质量标准》（GB 3838—2002）Ⅳ类水质标准。

（2）问题分析

陆码河与长江黄金水道相连，是嘉鱼县重要的排水河道，陆码河起自蜜泉湖，途经鱼岳镇陆码头村、护县洲村、南门湖村后穿县城而过，由永逸闸汇入长江，陆码河全长 7.8 km，流域面积 84 km^2，是嘉鱼人民的"母亲河"。陆码河沿线现有 24 个城镇生活污水排污口、11 个农业农村排污口、4 个沟渠/河港（涌）/排干沟和 3 个工业排污口。随着经济和城镇的快速发展，沿线居民生活污水、种植/养殖尾水排入陆码河，存在雨污混流、溢流等水污染问题，加上上游来水量减少，水质急剧恶化。

（3）整治措施和整治过程

推进截污纳管。在陆码河沿线西街社区、南门湖村等地实施截污纳管工程，收集沿线约 10 000 户居民生活污水。建设污水干管 20.7 km、DN 150 ～ DN 200 接户管约 54 km，配套实施污水提升泵站 2 座。建成完工后，陆码河沿线城区生活污水在提升泵站汇集后送入污水处理厂处理，达到《城镇污水处理厂污染物排放标准》（GB 18918— 2002）一级 A 标准后排放。

排污口整治前后对比如图 1 ～图 7 所示。

水质改善提升。在嘉清水务污水处理厂西侧新建复合型生态湿地及水质净化设备，使城镇污水处理厂尾水再次净化后排入陆码河，进一步提升陆码河水质。

图 1　截污纳管施工现场

图 2　建设污水提升泵站

图 3　部分排口整治前（左）、整治后（右）对比

图 4　人工湿地

图 5　水葫芦打捞

图 6　河道清淤

图7　修建湿地公园

河道生态整治。对陆码河河道水葫芦进行打捞、底泥清淤，消除内源污染；平整河道岸坡，修建湿地公园、慢行道，提升河道生态环境。

（4）整治成效

通过一系列整治工作，实现了陆码河沿线居民生活污水"零直排"，河道生态环境得到较大提升，水质稳步提升基本达到《地表水环境质量标准》（GB 3838—2002）Ⅳ类水质标准。

（5）效益和长效监管分析

一方面，通过建设污水管网，收集周边居民产生的生活污水，最终汇入污水处理厂，达到《城镇污水处理厂污染物排放标准》（GB 18918—2002）一级 A 标准后排放，沿线排口实现雨污分流，只有雨天排水，进一步减少长江污染物排放量。另一方面，通过建设湿地公园、河道慢行道，进一步改善河道水环境质量，增加了景观观赏性，给周边居民提供了良好的休闲环境。

案例 49

镇江市丹阳市界牌镇永红河沿线排口整治

（1）基本情况

排污口类型：镇江市丹阳市界牌镇永红河。

地理位置：江苏省镇江市丹阳市界牌镇永红河沿线。

责任主体：镇江市丹阳市界牌镇人民政府。

主管部门：镇江市丹阳生态环境局。

污染来源：城镇和农村生活污水，农田退水，雨水汇流。

受纳水体环境管理要求：《地表水环境质量标准》（GB 3838—2002）Ⅳ类水质标准。

（2）问题分析

永红河沿线共有排口 36 个，其中雨洪排口 15 个、农水闸站 12 个及混排口 6 个。永红河桥断面 2021 年 1 月水质严重超标，主要超标因子为氨氮，生活污水特征显著。2021 年 1—8 月水质监测结果为劣 Ⅴ 类，是江苏省 3 个劣 Ⅴ 类断面之一。

（3）整治措施和整治过程

永红河沿线排污口综合整治工程监管单位为镇江市丹阳生态环境局，实施主体均为界牌镇人民政府。该工程 2021 年 5 月动工，2021 年 10 月竣工，工程总投资超过 430 万元。

界牌镇人民政府从截流纳管、管网改造、长效管控三个方面展开整治工程。

该工程主要整治内容包括：对永红河 6 个混排口组织实施截流工程，在旭日路、育才路排口建造污水提升泵站；对金盛路灯厂区排口进行雨污分流改造并接入预留污水支管井；对鑫长丰南排口上游 5 家企业进行雨污分流并纳污接管；拆除东升沟排口原井，重建钢筋混凝土溢流井；封堵红灯桥下截节制闸，确保污水不入河。管网改造工程主要集中在永红河南侧。永红河北侧原有 3 条污水主管网，分别是新村售楼部至老自来水厂对面，建有一条长度约 1 100 m 的 800 mm 混凝土顶管；老自来水厂对面至红灯桥西，建有一条长度约 400 m 的 500 mm 球墨铸铁管；红灯桥西至三红支沟，建有一条长度约 600 m 的 350 mm PE 压力管。在永红河南侧，改造工程分别将育才路排水口截流，设置了一条至东升沟的 160 mm 压力管进入 1 号污水泵站；将旭日路排水口截流，设置了一条至东升沟的 160 mm 压力管进入 1 号污水泵站。育才路和旭日路截流改造工程完成后，永红河周边区域污水收集管网基本达到全覆盖。

与此同时，严格落实河道长效管理机制。各级河长定期"认河、识河、巡河、管河"，及时掌握河道水质波动和岸线环境情况，主动协调管理、保护、治理等工作，对于发现的问题及时交办相关部门。

排污口整治前后对比如图 1 所示。

（4）整治成效

通过对永红河沿线排口进行综合整治，永红河水环境质量明显改善。2021 年 10 月，永红河桥断面水质均值完成消劣任务。目前，永红河水质稳定达到入江支流考核要求为《地表水环境质量标准》（GB 3838—2002）Ⅲ类水质标准。

（5）效益和长效监管分析

整治工程前期投入约 432 万元，后期运维主要是泵站水电和管理费用，年均不超过 20 万元。该整治工程彻底解决了"晴天有水入河"问题，可以逐步恢复水体生态自净能力，具备鱼、虾、蛙等动物栖息、繁衍和避难的场所，使水生植物

（a）整治前——永红河东升沟排口　　　（b）整治后——永红河东升沟排口

（c）整治前——永红桥东侧生活污水排口（d）整治后——永红桥东侧生活污水排口

（e）整治后——永红河

图1　排污口整治前后的永红河对比

拥有生长和繁殖的空间，提高了生物多样性，提升了河道周边区域环境面貌，增加了旅游价值，为今后长江大保护、长三角一体化战略的实施提供有力的保障。

永红河沿线排污口综合整治工程，项目化推进、清单化落实，实现了永红河"生态健康、环境优美"的生态河道目标。沿线绿树成荫、空气清新，成为人们日常锻炼休憩的场所，周边居民的幸福感和获得感明显提升。

污水处理提质增效案例

排污口达标排放是保证受纳水体生态环境安全的基本要求，但对于一些自净能力较差的水体，即使达标排放也难以保证受纳水体的生态环境安全。在长江流域排污口整治中，涌现出一批积极探索污水处理提质增效的典型案例。

本章前两个案例是通过建设深度处理系统，实现污水"零排放"；第3个案例是通过建设污水生态净化湿地，对污水处理厂排水进一步处理；第4个案例是通过截污纳管，将22座小型农村污水处理站的污水并入城镇污水处理厂集中处理，达到《地表水环境质量标准》（GB 3838—2002）Ⅲ类水质标准后排放。

案例50

上海市宝钢日铁汽车板有限公司分步实施废水"零排放"工程

（1）基本情况

排污口类型：工业排污口。

地理位置：上海市宝山区月浦镇宝钢日铁汽车板有限公司。

责任主体：宝钢日铁汽车板有限公司。

主管部门：宝山区生态环境局。

污染来源：生产废水。

受纳水体环境管理要求：《地表水环境质量标准》（GB 3838—2002）Ⅳ类水质标准。

（2）问题分析

上海市宝钢日铁汽车板有限公司目前主要生产机组有酸轧机组 1 条、连退机组 1 条，热镀锌机组 4 条，废水种类主要包含酸性废水、碱性废水、含油废水等。废水排污口位于宝钢护厂河，主要排放污染物包括氨氮、总磷、COD、氟化物、锌、铁等，排污口流量约 5 520 m³/d。废水经处理达到《钢铁工业水污染物排放标准》（GB 13456—2012）后，排入宝钢护厂河，护厂河水体通过泵站排入长江。宝钢护厂河为封闭水体，受纳宝钢工业基地废水，水环境容量有限，目前水质尚未达到Ⅳ类。

（3）整治措施和整治过程

为践行国家生态文明建设要求、贯彻落实长江大保护战略、执行宝武集团环保"三治四化"规划，宝钢日铁汽车板有限公司自 2019 年开始陆续开展废水"零排放"系列工作，先后投入 6 500 万元和 18 790 万元，建设废水深度处理站和废水回用站。

宝钢日铁汽车板有限公司废水"零排放"项目主要包括软化深度处理系统、除盐处理系统、浓水处理系统及其他辅助系统等。其中，除盐系统采用超滤、二级反渗透膜处理装置，实现废水经处理后达到工业水回用要求，回用至宝钢股份工业水系统。浓水处理系统采用纳滤、电渗析、MVR、EVair 等工艺技术，将浓盐水制成工业盐和干污泥杂盐。同时通过双极膜工艺技术，制成盐酸和氢氧化钠，自用于废水处理过程中。

宝钢日铁汽车板有限公司自 2019 年起陆续开展废水"零排放"系列工作，由宝钢工程技术集团设计、中冶宝钢技术服务有限公司、五冶集团上海有限公司建设，至 2021 年 6 月项目陆续建成，投入负荷试车。系统工艺投运后，各项指标符合原定指标。

排污口整治前后对比如图 1 所示。

（a）整治前

（b）整治后

图1　排污口整治前后对比

（4）整治成效

通过新建废水深度处理设施，宝钢日铁汽车板有限公司外排废水 COD_{Cr} 浓度均值由 70 mg/L 降至 30 mg/L 以下，达到了《钢铁工业水污染物排放标准》（GB 13456—2012）标准。

（5）效益和长效监管分析

该项目是国内第一套冷轧废水实施分质提盐的"零排放"项目，运用诸多创新技术，开创性地将冷轧废水变废为宝，资源化再利用。坚持资源化利用、秉承技术革新、实现废水"零排放"。废水回用系统投运后，宝钢日铁汽车板有限公司具备实现废水"零排放"的工艺装备能力，可年减少废水排放量约 150 万 t，

COD$_{Cr}$污染物排放指标每年约可减少 60 t。同时通过废水回用，每年减少向自然水体取水 150 万 t，减少盐酸消耗量每年 2 114 t、液碱消耗量每年 2 245 t。

案例 51

华能国际电力股份有限公司宝山基地废污水"零排放"综合治理改造

（1）基本情况

排污口类型：工业排污口。

地理位置：上海市宝山区月浦镇盛丰路。

责任主体：华能国际电力股份有限公司上海石洞口第一电厂、第二电厂。

主管部门：宝山区生态环境局。

污染来源：厂区生产废水。

受纳水体环境管理要求：《地表水环境质量标准》（GB 3838—2002）Ⅲ类水质标准。

（2）问题分析

第一电厂 1 号废水排污口、2 号废水排污口以及第二电厂废水排污口均位于长江口南岸，第一电厂两个排污口排放工业废水及生活污水，第二电厂排污口排放直流冷却水及本厂和华能上海石洞口发电有限责任公司的工业废水和生活污水。长江口干流水质在Ⅱ～Ⅲ类，距稳定达到水功能区划Ⅱ类水质尚有一定差距，需进一步控制入河污染物。

（3）整治措施和整治过程

为了深入贯彻长江大保护，第一电厂、第二电厂探索治水新技术，积极实施废水梯级使用和综合利用，开展全厂节水与废污水综合治理改造，分别于2020年12月、2021年6月完成相关工程建设。开展的新建或改造治理设施如下：

工业废水处理系统升级改造。对工业废水池全面修复改造，提升污水处理设施性能，工业废水经中和、絮凝沉淀、澄清过滤、氧化还原处理后回用生产用水。

生活污水处理系统升级改造。第一电厂生化处理设施在SBR的基础上，增加耐冲击负荷的MBR膜生物处理工艺，进行深度处理，出水作为全厂脱硫系统工艺水。第二电厂改造两级生化反应池，增设杀菌消毒处理系统，处理达标后的生活污水作为全厂绿化、输煤系统水源进行回用。

脱硫废水处理系统升级改造。对现有脱硫废水处理系统进行升级改造，改进絮凝剂和助凝剂，脱硫废水经化学反应、絮凝沉淀等处理后，达标废水进入末端废水处理系统蒸发处理。第一电厂同时新增一套脱硫废水处理系统。

新建末端废水处理系统。利用烟气余热，新建末端废水处理系统。处理后的脱硫废水及其他水系统的高含盐废水，经喷雾器雾化为细小液滴，进入喷雾干燥塔，与脱硝后烟气充分接触（从烟气脱硝出口引出），使液滴中的水分迅速挥发，废水蒸发后的烟气进入电除尘、脱硫设备处理后排放。

排污口整治情况如图1～图8所示。

（4）整治成效

清理合并2个长江入河排污口，减少废水排放28万t/a，废水主要污染物COD_{Cr}、氨氮分别减排2.4 t/a、0.12 t/a。

（5）效益和长效监管分析

节约水资源，企业绿色可持续发展。通过全厂废水综合治理，提高废水利用率，优化全厂水平衡体系，实现水的梯级使用和循环使用，降低新鲜水取水量，节水量95万t/a，水资源循环利用变废为宝，促进绿色、可持续发展，助推企业高质量发展。

（a）上海市宝山区华能上海石洞口第二电厂直流冷却水排污口

（b）上海市宝山区华能上海石洞口第一电厂 2 号废水排污口

（c）上海市宝山区华能上海石洞口第一电厂 1 号废水排污口

图 1　排污口整治前

（a）上海市宝山区华能上海石洞口第二电厂直流冷却水排污口

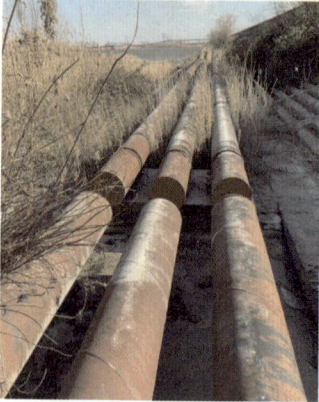

（b）上海市宝山区华能上海
石洞口第一电厂2号废水排污口

（c）上海市宝山区华能上海石洞口第一电厂1号废水排污口

图2　排污口整治后

图 3　工业废水处理设施升级改造

图 4　新建生活污水 MBR 处理设施

图 5　新增脱硫废水处理设施

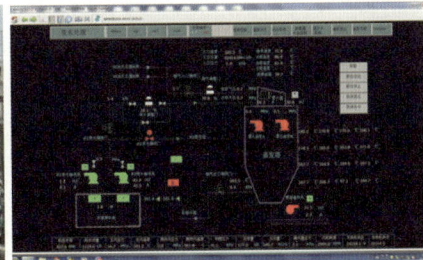

图 6　末端废水处理中控系统

图 7　新建末端废水蒸发塔

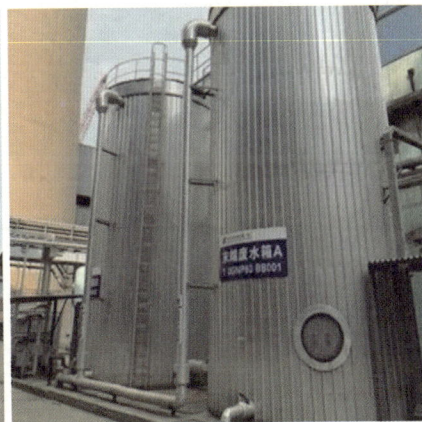

图 8　整治后——污水处理设备

引领示范，推动行业废污水"零排放"。华能国际电力股份有限公司宝山基地在上海乃至全国电力行业率先实施废污水"零排放"治理工程，治理设施调试运行稳定，形成可复制、可推广经验，带动行业水污染减排，产生良好生态环境效益和社会效益。

案例 52

苏州市太仓市港城组团污水处理厂配套生态安全缓冲区工程

（1）基本情况

排污口类型：城镇污水处理厂排污口。

地理位置：江苏省苏州市太仓市浮桥镇。

责任主体：太仓市自来水有限公司工业污水处理分公司。

主管部门：苏州市太仓市生态环境局。

污染来源：太仓港城污水处理厂处理达标后的尾水。

受纳水体环境管理要求：《地表水环境质量标准》（GB 3838—2002）Ⅱ类水质标准。

（2）问题分析

太仓市港城组团污水处理厂原尾水排口设置在长江边，尾水直排入江，一定程度上威胁着长江水质与生态系统健康。

（3）整治措施和整治过程

为降低污水处理厂尾水直排长江的隐患，苏州市太仓市港城组团污水处理厂配套建设了生态安全缓冲区，并取缔了原有尾水排放口，该工程于 2019 年 3 月开工，2019 年 12 月竣工，耗资 1.5 亿元。生态安全缓冲区位于太仓市杨林塘河道南侧、紧邻港城组团污水处理厂西侧，占地 11 hm²，距江堤 2 km 左右，总设计处理规模为 3 万 t/d，包含 7.2 hm² 潜流湿地，1.9 hm² 表面流湿地，0.92 hm² 沉水植物塘。湿地由 20 组并行的复合垂直流湿地、4 组梯田式潜流湿地、1 个多级表面流湿地和 1 个沉水植物塘构成。污水处理厂尾水进入生态安全缓冲区，通过 "复合垂直流湿地 + 表面人工流湿地 + 沉水植物塘" 组合处理工艺对其进行深度处理，以达到尾水提标、提优的目的。经过生态过滤的尾水排入内河六里塘，经新塘河或杨林塘排长江（图 1）。

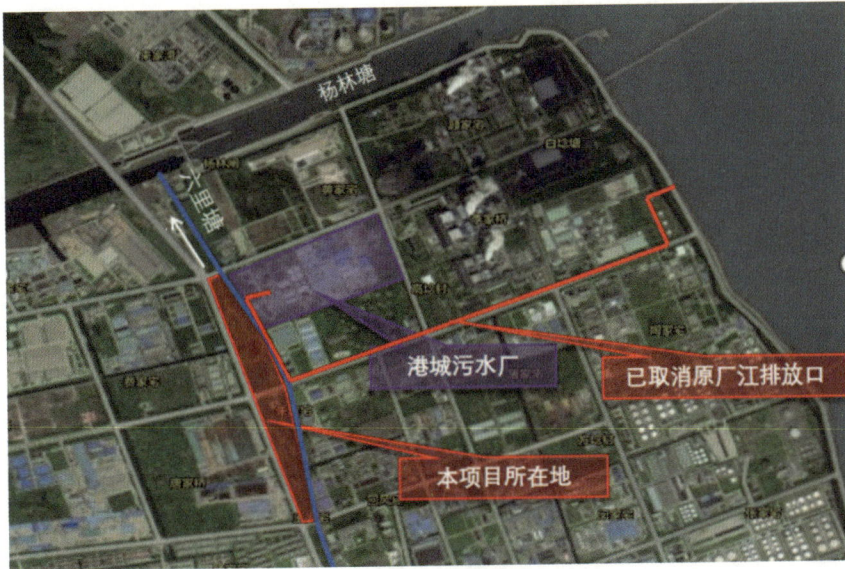

图 1　工程位置示意图

（4）整治成效

污水处理厂尾水经过生态安全缓冲区后水质明显改善（图 2）。2022 年监测结果显示，出水水体 COD 浓度为 24 ～ 30 mg/L，氨氮浓度为 0.3 ～ 0.5 mg/L，总磷浓度为 0.1 mg/L 以下，总氮均值为 5 mg/L，有效降低了长江污染负荷。

图2　整治后——生态安全缓冲区

（5）效益和长效监管分析

生态安全缓冲区运行后，除减少污染物的排放外还可将干净水源补充至区域地表水体，改善了整体水环境质量，对长江流域太仓段生态岸线具有明显的环境效益。目前，该项目正着力建成太仓沿江"生态净化型"生态安全缓冲区，成为兼具尾水深度净化、生态湿地、科普宣教、城市景观等多种功能的综合性生态湿地区。该项目建成后提供了一个绿色的生态空间，让周边群众享受生态红利，已成为老百姓休闲的好去处。

案例53

上海市宝山区罗泾镇农村生活污水处理设施提标整治

（1）基本情况

排污口类型：农业农村排污口。

地理位置：上海市宝山区罗泾镇。

责任主体：上海市宝山区罗泾镇人民政府。

主管部门：宝山区水务局。

污染来源：农村生活污水。

（2）问题分析

《上海市宝山区清洁小流域建设规划（2020—2035）》将罗泾镇列为水源保护型小流域，区域地表水须达到Ⅲ类，现状水质仅为Ⅳ～Ⅴ类水，达标难度较大。而区域内的农村生活污水虽然经过处理后达标排放，但出水浓度仍然较高，对区域地表水水质带来较大影响。

（3）整治措施和整治过程

通常，城镇污水处理厂较农村污水处理设施执行更为严格的排放标准，目前宝山区 3 家城镇污水处理厂主要污染物出水可达地表水Ⅲ类标准，因此污水纳管是实现农村生活污水提标增效的重要措施。结合城镇化及市政污水管网建设情况，2021 年罗泾镇人民政府开展专题研究，比选农污设施进一步提标改造与污水纳管两个方案，最后优选污水纳管方案（图 1 ～图 2）。

22 座农村污水处理站涉及洋桥村、塘湾村和牌楼村 3 个行政村，其中洋桥村 17 座、塘湾村 2 座、牌楼村 3 座。工程可行性研究报告经区发展改革委批复，工

图 1　关停农村生活污水处理设施，封堵入河排污口

图 2　纳管工程施工中

程初步设计方案经区水务局批复。工程新建污水管道 9 km，配套污水检查井及污水提升井、提升泵等，总投资 662 万元。2022 年 11 月工程开工建设，2023 年 4 月竣工。

（4）整治成效

解决 400 余户农户污水纳管"最后一公里"，每年减少 10 万余吨农村生活污水排入附近水体，有效降低水体污染负荷，提高小流域水质，改善小流域水生态环境。

（5）效益和长效监管分析

本案例通过关闭 22 座处理能力总计 357 t/d 分散农村生活污水设施，降低了农村生活污水运行成本，消除分散设施后期监管养护难度，解决了农村生活污水设施分散治理实际经济性较差的问题，有力推进了罗泾镇水源保护型生态清洁小流域建设，美丽生态罗泾建设。

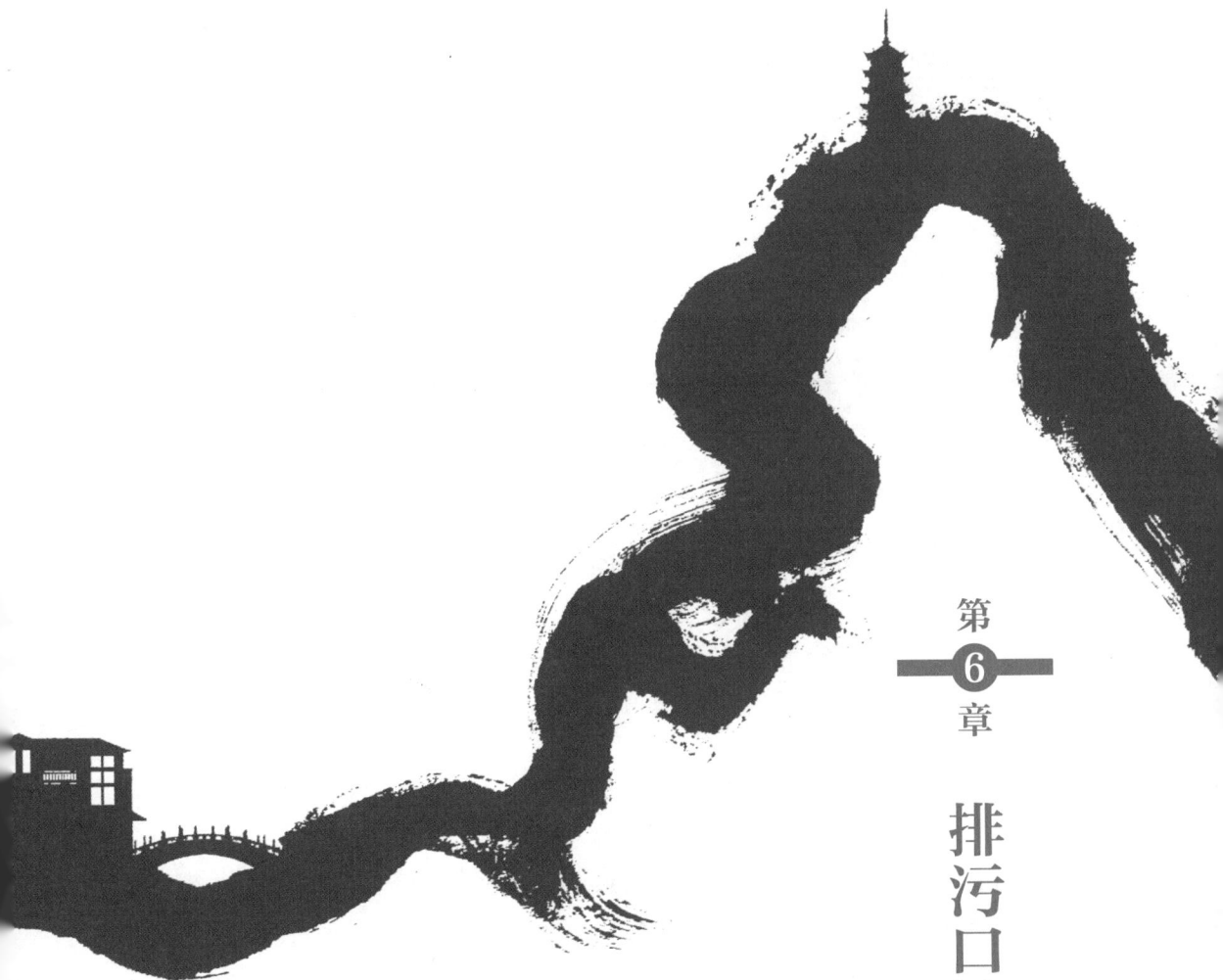

第
6
章

排污口销号制度建设案例

《国务院办公厅关于加强入河入海排污口监督管理工作的实施意见》（国办函〔2022〕17号）明确要求"地市级人民政府建立排污口整治销号制度，通过对排污口进行取缔、合并、规范，最终形成需要保留的排污口清单"。目前，长江流域各地陆续发布销号制度文件，从排污口销号申请、现场核查、正式销号及备案备查等方面明确了相关要求。本章列出了6个省（市）销号制度文件，供其他地区参考借鉴。

案例 54

湖南省长江入河排污口整治验收标准与销号程序

2022年12月12日，湖南省生态环境保护委员会办公室发布了《关于印发〈关于湖南省长江入河排污口整治验收标准与销号程序的指导意见（试行）〉的通知》（湘生环委办〔2022〕28号）。湖南省生态环境厅在征求省直相关单位及相关6市（州）意见的基础上，结合湖南省实际情况，编制了《关于湖南省长江入河排污口整治验收标准与销号程序的指导意见（试行）》，并要求各省直相关单位要加强督导帮扶，积极指导地方工作。

该文件规定：各市（州）人民政府是入河排污口验收销号的责任主体。县（市、区）人民政府负责入河排污口整治的验收；市（州）人民政府负责入河排污口整治的销号，并按验收销号要求汇总相关情况报省生态环境保护委员会办公室备案。验收销号的主要步骤主要包括：①申请验收。由排污口整治责任部门向县（市、区）人民政府书面申请验收。②验收核查。各县（市、区）人民政府组织相关部门开展现场核查与验收，并出具验收意见。③申请销号。验收通过后，由各县（市、区）人民政府组织整治主管部门填写《湖南省长江入河排污口整治验收销号表》等验收资料，向市（州）人民政府书面申请销号。④销号确认。各市（州）人民政府收到销号申请后，应及时组织市级相关职能部门对相应的入河排污口进行现场核查，确认达到相关整治要求的，予以确认销号；未达到整改要求的，不予销号，并组织重新整治，直至完成销号。⑤信息公开。各市（州）人民政府在确认入河排污口整治验收销号前，应在市级政府官网予以公示。⑥备案备查。各市（州）人民政府应于每年 12 月 20 日前汇总已销号排污口相关资料，上报省生态环境保护委员会办公室备案。

湖南省生态环境保护委员会办公室文件

湘生环委办〔2022〕28 号

湖南省生态环境保护委员会办公室
关于印发《关于湖南省长江入河排污口整治
验收标准与销号程序的指导意见
（试行）》的通知

各相关市州生态环境保护委员会、省直有关单位：
根据国务院办公厅《关于加强入河入海排污口监督管理工作的实施意见》（国办函〔2022〕17 号）、《关于转发生态环境部国家发改委长江入河排污口整治行动方案的通知》（国办函〔2022〕76 号）的要求，为切实推进我省长江入河排污口整治验收销号工

作，省生态环境厅在征求省直相关单位及相关 6 市州意见的基础上，结合我省实际情况，编制了《关于湖南省长江入河排污口整治验收标准与销号程序的指导意见（试行）》（以下简称《指导意见》），现印发给你们，请认真抓好落实，各省直相关单位要加强督导帮扶，积极指导地方工作。

联系人：████
电话：███████████

湖南省生态环境保护委员会办公室
2022 年 12 月 12 日

湖南省生态环境保护委员会办公室
关于湖南省长江入河排污口整治验收标准
与销号程序的指导意见（试行）

为认真贯彻习近平生态文明思想和习近平总书记关于长江经济带"共抓大保护、不搞大开发"的重要指示精神，深入打好污染防治攻坚战，确保如期高质量完成湖南省长江入河排污口整治工作，根据《国务院办公厅关于加强入河入海排污口监督管理工作的实施意见》（国办函〔2022〕17号，以下简称《实施意见》）的要求，结合湖南省实际，现就长江入河排污口整治标准及验收销号程序提出以下指导意见。

一、适用范围

本指导意见适用于湖南省长江入河排污口排查整治专项行动涉及的排污口的整治验收与销号。此前湖南省生态环境保护委员会办公室下发的《关于2022年污染防治攻坚战"夏季攻势"任务验收销号标准及程序的指导意见》中的《入河湖排污口环境综合整治项目验收标准与销号程序》，仅适用于2022年污染防治攻坚战"夏季攻势"的"洞庭湖总磷污染控制与削减"中的入河排污口验收销号工作，与本指导意见不冲突。

二、整治类型及对应关系

根据2022年国务院办公厅《实施意见》要求，长江入河排污口整治类型分为"依法取缔、清理合并、规范整治"三类，此前湖南省长江入河排污口整治类型随之进行调整。同时，为便于工作开展与衔接，结合相关文件要求，明确了两者的对应关系（详见附件 2）。

三、整治要点

（一）依法取缔类

1. 入河排污口依法取缔应包括入河口门的永久封堵、相应排污通道沿线接口的封堵、通道内底泥、残液等残留物的清理，以及其他安全隐患的消除。

2. 入河口门的永久封堵工程可因地制宜实施，确保入河口门不再具备排水条件。

3. 入河排污口曾接纳化工、冶炼等涉有毒有害物质及重金属污水的，相应排污通道内的底泥、残液应按相关安全规范予以处理。

4. 入河排污口拆除后，原则上其对应的排污通道应予以拆除、回填，避免破损、塌陷导致安全问题。排污通道无法拆除、回填的，须确保该排污通道已废弃，且入河口门不再具备排水条件，并将该排污通道布局、走向等相关资料交入河排污口整治管理单位留存。

5. 入河排污口依法取缔后，应因地制宜采取土方回填、植被修复等方式恢复河道（沟渠等）岸线原貌。

（二）清理合并类

1. 依据《城镇排水与污水处理条例》第十四条、第二十条、第二十一条，城镇排水设施覆盖范围内的排水单位和个人应当按照国家有关规定将污水排入城镇排水设施，接入管网的设计方案应当符合城镇排水与污水处理规划和相关标准要求，并向城镇排水主管部门申请领取污水排入排水管网许可证。

2. 原则上工业污水应单独申请设置入河排污口，落实"谁污染，谁治理"的排污主体责任。

原则上工业污水应向园区集中，工业园区的污水和废水应单独收集处理，其尾水不应纳入市政污水管道和雨水管渠。分散式工业废水处理达到环境排放标准的尾水，不应排入市政污水管道。实在需要的，工业污水应不含有毒有害污染物，且能够被城镇污水处理厂有效处理的，方可纳入市政管网由城镇生活污水处理厂处理。

工业及其他各类园区或各类开发区外的工矿企业，原则上一个企业只保留一个工矿企业排污口，对于厂区较大或有多个厂区的，应尽可能清理合并排污口。清理合并后确有必要保留两个及以上工矿企业排污口的，应报入河排污口审批管理单位审批。工业园区原则上只保留园区污水处理厂一个入河排污口。

3. 对清理合并类的工业入河排污口、城镇污水处理厂入河排污口，合并后排放水量、污染物排放浓度和排放总量超出排污口的批复要求，属于扩大范围的，应向有管理权限的入河排污口审批管理单位提交扩大申请，同时明确申请的排放水量、污染物浓度和排放总量限值。

4. 对清理合并类工业入河排污口、城镇污水处理厂入河排污口、农业入河排口，合并后入河排污口排放水量、污染物浓度和排放总量未超过审批批复要求，不需要实施扩大工程的，应向有审批、管理权限的相关单位备案。

5. 清理合并入河排污口应就防洪、供水、堤防安全及河势稳定等问题征求有管理权限的流域管理机构或水行政、住建主管等部门意见。

6. 清理合并类中予以取缔的排污口，应参照前述"依法取缔类"整治要点进行整治。

（三）规范整治类

1. 排污单位未按规定排放污水

（1）不具备纳管条件，通过该入河排污口排放未经处理的污水：

①由责任主体通过搬迁、改造等措施消除对水体的不利影响。

②采取搬迁措施的，原入河排污口应依法取缔。

③采取改造措施的，污水处理设施应通过竣工验收，投入运行，且出水水质

已达到相关排放标准要求。

④责任主体应向入河排污口审批管理单位提交污水处理设施设计、施工和工程竣工验收等文件。

（2）只接纳一家排污单位污水的入河排污口，该排污单位超标、超总量排放的：

①责任主体应通过改造污水处理设施、改进污水处理工艺或运行管理方式，提高水污染物的削减水平，参照附件4、附件5的要求，实现稳定达标排放且符合总量控制要求。

②应提交第三方监测数据，证明排污单位排放污水达到入河排污口浓度、总量限值要求（限值要求参照附件4、附件5）。

（3）入河排污口对应的多个排污单位未能全部满足达标排放要求的：

①应充分掌握入河排污口具体污水来源，明确排污单位、排水量和排放污染物浓度，对照《国民经济行业分类》（GB/T 4754—2017）中排污单位所属行业，确定适用的国家和地方相关排放标准，进行达标排放判定。

②超标污染源责任主体应采取建设改造污水处理设施、优化污水处理设施运行管理等措施，实现污染源稳定达标排放。

③对入河排污口排水进行监测并与上游污染源排放情况进行比对。正常情况下，入河排污口排水各项污染物浓度均不应超过上游各污染源排放标准所要求的排放浓度最大值。

（4）工矿企业未按规定实现雨污分流的：

由工矿企业负责实施雨污分流改造，按管理要求建设初期雨水收集设施，做好防渗防腐措施，实现对生产污水和初期雨水的处置，确保稳定达标排放。

2.排污通道不规范

（1）在已合法设置的入河排污口口门上出现违规搭接其他排污口的，应依法取缔违规搭接的排污通道及口门。

（2）入河排污口排污通道上出现违规搭接其他排污口的：

①应责令违规搭接排污口的排污单位立即停止排污行为，并拆除封堵违规搭接的排污口。

②确需通过该入河排污口排放的，必须征得具有审批权限的职能部门同意，并明确各自排污方案、排放限值要求、监测要求及主体责任。

③入河排污口责任主体应采取措施满足排污口审批的批复要求并向有管理权限的生态环境部门报备，或者重新申请排污口审批并获得批复。

（3）分流制城市雨洪排口晴天有污水流出：

①在保证防洪排涝、保障城市安全的前提下，入河排污口责任主体应按照《室外排水设计标准》（GB 50014—2021）及《湖南省入河排污口溯源技术指南（试行）》的要求开展溯源调查。

②整改混接错接管网，规范接驳雨污管网混接点。采取有效措施防止向雨水管网倾倒污染物的行为，确保雨水排口晴天无污水流出。

（4）与入河排污口连接的排污通道出现"跑冒滴漏"、渗流等情形，或积累垃圾、淤泥、其他污物影响排水水质的：

①对排污通道进行检修、置换。

②对排污通道进行清掏，确保排污通道内无杂物，排放畅通。

3. 入河排污口口门建设不规范

（1）入河排污口设置不符合相关规范，不便于采集样品、计量监测及监督检查或采用暗管排放但没有留出观测窗口的：

①责任主体应按照相关规范要求对入河排污口进行改造，以便采集样品、计量监测及监督检查。入河排污口应当在明显位置竖标立牌，便于现场监测和监督检查。

②原则上，入河排污口应设置在岸边，位于设计洪水淹没线之上，不应设暗管通入河流（含运河、沟、渠等）、湖泊、水库等环境水体底部。如入河排污口存在特殊需求需要设置暗管的，必须留出观测窗口。

③设置排污口时，应当合理利用水体自净能力，尽可能设置在迁移扩散和稀释能力较强的水域，并避开由岬角等特定地形引起的涡流区。

（2）入河排污口存在布局不合理、设施老化破损、排水不畅、检修维护难等问题的，责任主体应有针对性地采取调整入河排污口位置及排污通道走向，更新维护设施、设置必要的检查井等措施进行整治。

4.影响水生态环境质量

（1）直接影响合法取水户用水安全的：由排污口责任主体按照《湖南省入河排污口监督管理办法》，开展入河排污口设置论证与整改，并建立常态化的监测监管机制。

（2）入河排污口下游考核断面未达到其水质目标的，或具有毒性或者持久性化学物质排放造成累积性影响、污染物排放造成生物富集到有害程度或者向扩散条件差的封闭水域排污并造成大范围累积性影响的：

①由属地生态环境部门根据受纳水体或水功能区环境容量、点源排放与面源排放情况等确定区域内所有工业排污口、城镇污水处理厂排污口、农业排口污染物排放总量要求，明确各入河排污口水量、污染物排放量等管控要求。

②对于流域范围内排放量贡献突出的个别入河排污口，削减量根据技术经济可达性和流域排放总量要求等综合确定；对于存在多个入河排污口且排污量贡献类似的，对各入河排污口实行等比例削减，减排比例根据经济技术可达性和流域排放总量要求等综合确定。

③对于入河排污口与排污单位一一对应的，排放浓度与排放量限值应在排污许可证中予以载明；对于一个入河排污口接纳多个排污单位污水的，应单独明确该入

河排污口排放浓度与排放量限值，充分衔接各排污单位已核发的排污许可量，将排放量限值分配给各排污单位，在相关排污许可证中分别予以载明或更新。

④入河排污口责任主体应开展自行监测，鼓励有条件的单位建设在线监测设施，县（市、区）生态环境部门适时开展监督性监测，每年不少于两次。

5. 其他

①各类型入河排污口规范整治标准参考附件4。

②上述未列明的其他规范整治类排污口，其整治要求应参照《湖南省长江入河排污口整治参考要求（试行）》（湘生环委办〔2021〕20号）（附件5）实施。

四、验收销号程序

各市（州）人民政府是入河排污口验收销号的责任主体。县（市、区）人民政府负责入河排污口整治的验收；市（州）人民政府负责入河排污口整治的销号，并按验收销号要求汇总相关情况报省生态环境保护委员会办公室备案。具体步骤如下：

（一）申请验收

按照各市（州）人民政府编制印发的"一口一策"整治方案，由排污口整治责任部门对照相关整治要求，对认为已经完成整治任务的入河排污口，向县（市、区）人民政府书面申请验收。

（二）验收核查

各县（市、区）人民政府组织整治主管部门、相关职能部门及3名以上专家（专家由整治主管部门负责邀请），开展现场核查与验收，并出具验收意见。各市（州）人民政府印发的"一口一策"整治方案中"立行立改"问题排污口的整治验收，不需要专家参与。

对于依法取缔类排污口，经验收专家组判定入河排污口不具备排水条件，且河道岸线已基本恢复原貌的，可认为完成整治；对于清理合并类排污口，经验收专家组判定需清理合并的入河排污口已完成封堵关闭、合并，且保留的入河排污口进一步完成了规范整治，可认为完成整治（对于工业企业与污水处理厂，还需完成排污许可相应变更手续）；对于规范整治类排污口，经验收专家组判定已按整治要点要求完成整改，且完成了规范整治、河道岸线已基本恢复原貌的，可认为完成整治。

（三）申请销号

验收通过后，由各县（市、区）人民政府组织整治主管部门填写《湖南省长江入河排污口整治验收销号表》（下称验收销号表，见附件3），并附其他验收资料，向市（州）人民政府书面申请销号。验收销号表必须经县（市、区）人民政府分管长江入河排污口整治工作的县级领导签字，并加盖县（市、区）人民政府公章。

（四）销号确认

各市（州）人民政府收到销号申请后，应及时组织市级相关职能部门对相应的入河排污口进行现场核查。确认达到相关整治要求的，由市（州）人民政府分管长江入河排污口整治工作的市级领导在验收销号表上签字，并加盖市级人民政府公章予以确认；未达到整改要求的，不予销号，并明确存在的问题，提出整改意见，督促县（市、区）人民政府组织重新整治，直至完成销号。

（五）信息公开

各市（州）人民政府在确认入河排污口整治验收销号前，应在市级政府官网予以公示（可分批也可统一），接受社会监督。

（六）备案备查

各市（州）人民政府应于每年12月20日前汇总已销号排污口相关资料，上报省生态环境保护委员会办公室备案。省生态环境保护委员会办公室将适时组织对整治工作情况进行督查督办、对完成销号备案的排污口进行抽查。

五、验收与销号资料

（一）验收资料

1. 依法取缔类排污口的验收资料

①由责任部门出具入河排污口依法取缔证明文件。

②整治对比照片（至少提供 1 组对比照片）。

③入河排污口连接的排污通道布局与走向的资料及图件，以及变更后的排污许可证、溯源报告等其他能够证明入河排污口已经依法取缔、停止排污的材料。

2. 清理合并类与规范整治类排污口的验收资料

①入河排污口接纳污水资料信息、整治实施方案、整治完成情况报告、整治对比照片（至少提供 2 组对比照片）以及其他能够证明入河排污口已经完成清理合并与规范整治的材料。

②入河排污口清理合并与规范整治工作涉及防洪、供水、堤防安全及河势稳定等问题的，应提供有管理权限的流域管理机构或水行政主管部门的意见；涉及市政管网的，还应提供城镇排水行政主管部门的意见。

③对清理合并后允许保留的及规范整治后的工业排污口、城镇污水处理厂排污口，应报入河排污口审批管理单位审批或更新。

④水质监测报告，监测因子至少包括 pH、COD、氨氮、总氮、总磷，工矿企业还应包括行业特征因子，整改前后监测频次需各不少于 1 次（整改后，排污口取缔或直接流入市政管网的不需要提供）。

（二）销号资料

①县（市、区）人民政府向市（州）人民政府申请销号的报告。

②验收申请报告、验收资料、县（市、区）相关职能部门现场检查记录、专家验收意见。

③市级相关职能部门现场核查后出具的现场核查记录。

④湖南省长江入河排污口整治验收销号表。

（三）不予验收销号情况

存在以下情况之一的，不予销号：

①验收销号资料缺少签章的。

②验收销号资料不齐全的。

③验收销号资料存在弄虚作假的。

④验收销号资料存在明显的逻辑性错误和内容错误的。

六、要求

一是高度重视。各市（州）人民政府要进一步提高政治站位，加强组织领导，做好跟踪调度和督促检查，切实把好整治与验收关，确保按时保质完成相关工作任务。

二是进一步压实责任。地方人民政府是入河排污口排查整治的责任主体，要成立工作专班，加强统筹协调，明确各职能部门职责和分工，进一步压实各方责任。分管领导要靠前指挥，把控整治工作质量。

三是强化工作督促指导。省生态环境保护委员会办公室将定期调度、核查、督查，对工作进展迟缓、弄虚作假等问题，采取通报批评、公开约谈，对情节严重的，将按不同情形依法依规实行问责；对工作成效突出的，将予以通报表扬。

附件：1. 湖南省长江经济带入河排污口问题整治验收销号流程图
　　　2. 2020 年与 2022 年整治类型及对应关系
　　　3. 湖南省长江入河排污口整治验收销号表
　　　4. 入河排污口规范整治标准（试行）
　　　5. 湖南省长江入河排污口整治参考要求（试行）
　　　（附件 5 作为附件 4 的补充）

附件 1

湖南省长江经济带入河排污口问题整治验收销号流程图

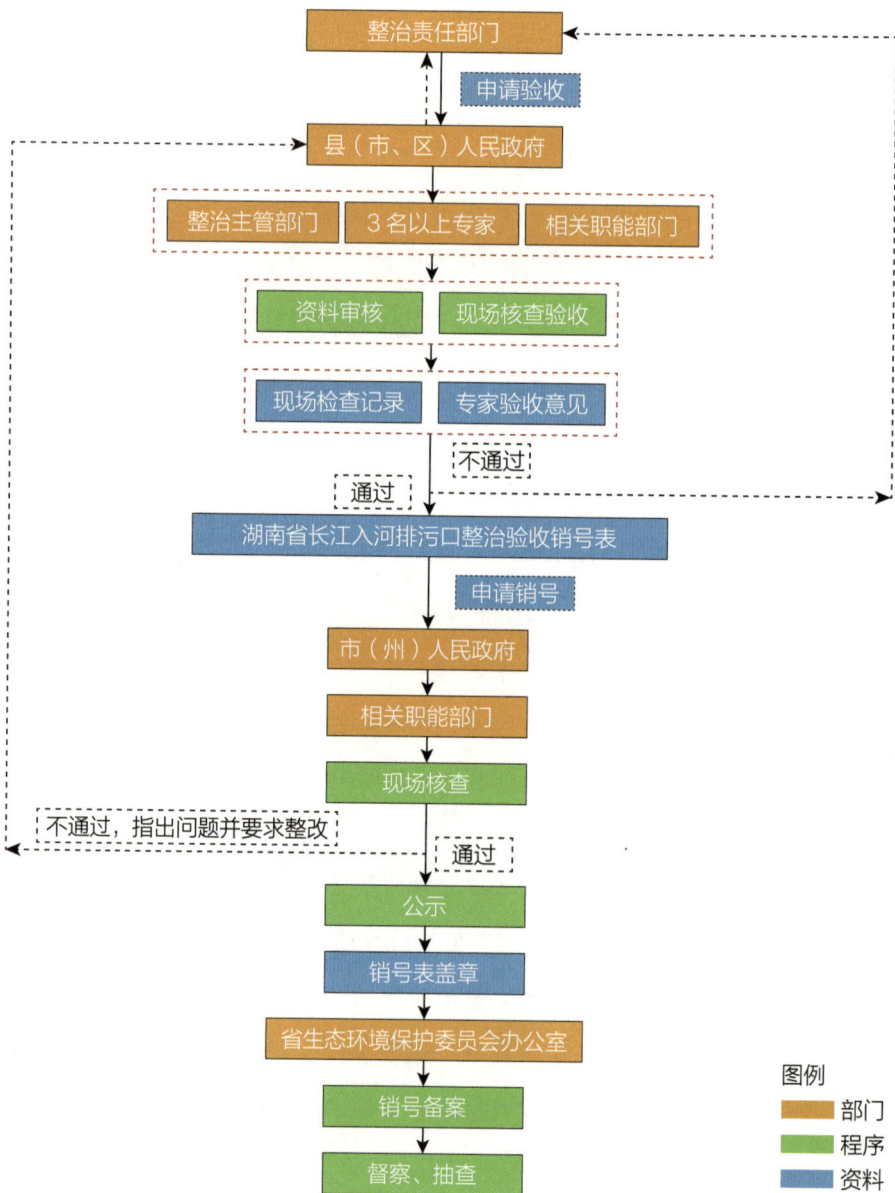

```
                    ┌─────────────────────┐ ←──────────────────┐
                    │     整治责任部门      │ ← ─ ─ ─ ─ ─ ─ ─    ┊
                    └─────────────────────┘                    ┊
                            │   ┌─────────┐                     ┊
                            │   │ 申请验收 │                     ┊
                            ↓                                    ┊
        ┌─ → ─ ─ ─ ┌─────────────────────┐                     ┊
        ┊          │   县（市、区）人民政府  │                     ┊
        ┊          └─────────────────────┘                     ┊
        ┊          ┌ ─ ─ ─ ─ ─ ─ ─ ─ ─ ─ ─ ─ ─ ─ ─ ─ ─ ┐     ┊
        ┊          │整治主管部门  3名以上专家  相关职能部门│     ┊
        ┊          └ ─ ─ ─ ─ ─ ─ ─ ─ ─ ─ ─ ─ ─ ─ ─ ─ ─ ┘     ┊
        ┊          ┌ ─ ─ ─ ─ ─ ─ ─ ─ ─ ─ ─ ─ ┐             ┊
        ┊          │  资料审核    现场核查验收   │             ┊
        ┊          └ ─ ─ ─ ─ ─ ─ ─ ─ ─ ─ ─ ─ ┘             ┊
        ┊          ┌ ─ ─ ─ ─ ─ ─ ─ ─ ─ ─ ─ ─ ┐             ┊
        ┊          │  现场检查记录   专家验收意见 │             ┊
        ┊          └ ─ ─ ─ ─ ─ ─ ─ ─ ─ ─ ─ ─ ┘             ┊
        ┊                        ┌不通过┐ ─ ─ ─ ─ ─ ─ ─ → ─ ┘
        ┊            ┌通过┐
        ┊          ┌─────────────────────────────┐
        ┊          │湖南省长江入河排污口整治验收销号表│
        ┊          └─────────────────────────────┘
        ┊                      ┌ 申请销号 ┐
        ┊          ┌─────────────────────┐
        ┊          │    市（州）人民政府    │
        ┊          └─────────────────────┘
        ┊          ┌─────────────────────┐
        ┊          │     相关职能部门      │
        ┊          └─────────────────────┘
        ┊          ┌─────────────────────┐
        ┊          │       现场核查        │
        ┊          └─────────────────────┘
        ┊─ ┌不通过，指出问题并要求整改┐
                                 ┌通过┐
                   ┌─────────────────────┐
                   │         公示         │
                   └─────────────────────┘
                   ┌─────────────────────┐
                   │      销号表盖章       │
                   └─────────────────────┘
                   ┌─────────────────────┐
                   │  省生态环境保护委员会办公室 │
                   └─────────────────────┘
                   ┌─────────────────────┐
                   │       销号备案        │
                   └─────────────────────┘
                   ┌─────────────────────┐
                   │      督察、抽查       │
                   └─────────────────────┘
```

图例
- 部门
- 程序
- 资料

附件 2

2020 年与 2022 年整治类型及对应关系

序号	2022 年整治类型分类		分类依据	2020 年整治类型分类
1	依法取缔类	排污口不存在—违法违规	①已依法拆除、封堵； ②已废弃但未处理处置，存在借道排污、河水倒灌、管道坍塌等风险隐患的	立行立改
2			涉及饮用水水源保护区、风景名胜区、重要渔业水体和其他具有特殊经济文化价值的水体的保护区内的排污口	立行立改 /长期整改
3			涉及非法的（如企业逃避监管私设暗管，影响防洪、取水、供水、堤防安全、河势稳定或航道通航的）排污口	立行立改 /长期整改
4	清理合并类	排污口不存在—取缔	①自然消亡、已不存在； ②已自行拆除、封堵； ③集中分布、连片聚集的中小型水产养殖散排口	立行立改
5			①涉及管网改造、建设，大型湿地建设等，投资量大且耗时长，整改完成后排污口不存在了； ②城镇或开发区污水管网覆盖范围内存在各类生活污水散排口的； ③工业及其他各类园区内企业现有排污口，或工业及其他各类园区或各类开发区外的工矿企业有多个入河排污口的	长期整改
6		排污口存在—合并保留	整改完成后排污口还存在，保留的排污口应参照规范整治类型进行整治	立行立改 /长期整改
7		排口存在—仅保留	不是排污口或不存在环境问题，不需要工程整改，强化日常监管	无需整改
8	规范整改类	排污口存在	有少量工程整改内容，但投资少，耗时短	立行立改
9			主要是对排污口竖立标识牌、围栏、在线监测、视频监控等	规范化建设
10			涉及管网改造、建设，大型湿地建设等，投资量大且耗时长，整改完成后排污口还存在	长期整改

附件3

湖南省长江入河排污口整治验收销号表

部正式编号		所在区（县）	
正式名称		详细地址	
正式编码		整治类别	
整治责任单位		整治主管单位	
排污口 主要环境问题			
整治措施			
整治完成情况			
专家验收情况			
整治主管部门意见		签字（盖章） 20　年　月　日	
县（市、区）人民 政府分管领导意见		签字（盖章） 20　年　月　日	
市（州）人民政府 现场核查情况			
市（州）人民政府 销号意见		签字（盖章） 20　年　月　日	
备注			

填表说明：

1. 此表一式四份，整治责任部门、整治主管部门、县（市、区）人民政府、市（州）人民政府各持一份。
2. 部正式编号、所在区（县）、正式名称、正式编码、详细地址应与各市（州）人民政府发布的《入河排污口"一口一策"整治方案》的内容保持一致。
3. 排污口主要环境问题应在"入河排污口归总信息一览表"与"一口一策"整治方案基础上进一步详细说明。
4. 专家验收意见须附后。

附件 4

入河排污口规范整治标准（试行）

排污口一级分类	排污口二级分类	整治标准
工业排污口	工矿企业排污口	a）一个入河入海排污口接纳单个工矿企业的污水的，原则上，入河入海排污口排放污水中污染物浓度不高于其接纳的排污单位污水达标排放浓度限值。一个入河入海排污口接纳多个工矿企业污水的，入河入海排污口排放污水中污染物浓度不高于各排污单位的排污水达标排放浓度限值要求。 b）入河入海排污口排放污水中不应检出其接纳的排污单位工矿污水中未检出的污染物种类。 c）入河排污口污水排入水功能区或断面水质依据 GB 3838 评价方法类别降低的，或入河排污口排放污水导致所在水体的功能区或断面水质依据 GB 3838 评价方法类别降低的，或入海排污口排放污水导致所在海域依据 GB 3097 评价方法类别降低的，应根据水质要求确定入河入海排污口更严格的排水量、污染物浓度或排放量管控要求，并载入排污单位排污许可证。 d）入河入海排污口污水排入水功能区或断面水质不能稳定达标的，鼓励在现有基础上针对有潜力的入河入海排污口及其接纳的排污单位污水采取措施进一步削减，通过整治达到稳定达标的情形
	工矿企业雨洪排口	a）不排放工业污水。 b）初期雨水已收集并纳入人工污水口。 c）排放废水不黑不臭，排放指标中，悬浮物 ≤ 50 mg/L，溶解氧 ≥ 2 mg/L，化学需氧量 ≤ 120 mg/L，氨氮 ≤ 8 mg/L，相关指标分析方法参照《水和废水监测分析方法（第四版）（增补版）》。 d）工矿企业和行业排放标准中有规定初期雨水排放值的，工矿企业雨洪排口污水排放限值标应不高于相应行业排放标准中的初期雨水排放限值要求。 e）非雨天不排水
	工业及其他各类园区污水处理厂排污口	a）原则上一个入河入海排污口仅接纳一家工业及其他各类园区污水处理厂排放污水，由一家排污单位作为责任主体，负责牵头开展源头治理以及排污口整治、规范化建设、维护管理等。确有必要由多家排污单位作为责任主体的，应指定其中一家作为责任主体。 b）一个入河入海排污口接纳单个工业及其他各类园区污水处理厂污水的，原则上，入河入海排污口排放污水中污染物浓度不高于其接纳的工业及其他各类园区污水处理厂污水达标排放限值。一个入河入海排污口接纳多个工业及其他各类园区污水处理厂污水的，入河入海排污口排放污水中污染物浓度不高于各污水处理厂最低排放浓度限值。

续表

排污口一级分类	排污口二级分类	整治标准
工业排污口	工业及其他各类园区污水处理厂排污口	c) 入河入海排污口排放污水中不应检出工业及其他各类园区污水处理厂接纳的排污单位污水中未检出的污染物种类。 d) 入河排污口污水排入水功能区或断面水质不达标水体的，或入海排污口排放污水导致所在海域依据 GB 3097 评价方法类别降低的，应根据水质要求确定入海排污口更严格的排放量。污染物浓度或排放量管控要求，并载入排污单位排污许可证。 e) 入河入海排污口污水排入水功能区或断面水质不能稳定达标的，鼓励在现有基础上针对有潜力的入河入海排污口及其接纳的排污单位采取措施进一步削减，通过整治达到稳定达标情形。
	工业及其他各类园区污水处理厂雨洪排口	a) 不排放工业污水。 b) 初期雨水已收集并纳入工业及其他各类园区污水处理厂。 c) 排放废水不黑不臭，排放指标中，悬浮物 ≤ 50 mg/L，溶解氧 ≥ 2 mg/L，化学需氧量 ≤120 mg/L，氨氮 ≤8 mg/L，相关指标分析方法参见《水和废水监测分析方法（第四版）》（增补版）。 d) 非雨天不排水
城镇污水处理厂排污口	城镇污水处理厂排污口	a) 原则上一个入河入海排污口仅接纳一家城镇污水处理厂排放污水，由一家排污单位作为责任主体，负责牵头开展源头治理以及排污口整治、规范化建设、维护管理等。确有必要由多家排污单位作为责任主体的，应指定其中一家作为责任主体。 b) 原则上，入河入海排污口排放污水中污染物浓度不高于其接纳的城镇污水处理厂污水达标排放浓度限值。确为排放污水由一个入河入海排污口接纳多个城镇污水处理厂污水的，入河入海排污口排放污水中污染物浓度不高于各污水处理厂最低排放浓度限值。 c) 入河入海排污口排放污水中不应检出城镇污水处理厂出厂排污口中未检出的污染物种类。 d) 入河排污口污水排入水功能区或断面水质不达标水体的，或入海排污口排放污水导致所在海域依据 GB 3097 评价方法类别降低的，应根据水质要求确定入海排污口更严格的排放量。污染物浓度或排放量管控要求，并载入排污单位排污许可证。 e) 入河入海排污口污水排入水功能区或断面水质不能稳定达标的，鼓励在现有基础上针对有潜力的入河排污口及其接纳的排污单位采取措施进一步削减，通过整治达到稳定达标情形。

续表

排污口一级分类	排污口二级分类	整治标准
农业排口	规模化畜禽养殖排污口	原则上，入河入海排污口排放污水中污染物浓度不高于其接纳的规模化畜禽养殖场污水达标排放浓度限值。确有必要由一个入河入海排污口接纳多个排污单位污水的，入河入海排污口排放污水中污染物浓度不高于各排污单位最高排放浓度限值要求
	规模化水产养殖排污口	a) 有规范化的排污口，由责任主体定期开展自行监测。 b) 排放规模化淡水池塘养殖水的入河排污口，其污染物排放浓度限值不高于 SC/T 9101 排放浓度限值要求。 c) 排放规模化海水养殖水的入海排污口，其污染物排放浓度限值不高于 SC/T 9103 排放浓度限值要求。 d) 地方对规模化水产养殖排污口有更严格排放要求的，从其规定
	大中型灌区排口	a) 大中型灌区中的灌渠、排干不受纳造纸、焦化、氮肥、有色金属、印染、农副食品加工、原料药制造、制革、农药、电镀等十大重点行业工业污水。 b) 有规范化的排污口，由责任主体定期开展自行监测。 c) 排放废水不黑不臭，其污染物排放浓度不高于各省农村生活污水处理设施污染物排放标准要求。地方对其有更严格排放要求的，从其规定
其他排口	港口码头排污口	a) 港口码头各类生产生活污水收集后统一纳入市政管网，由污水处理厂予以处理，原港口码头排污口依法取缔、予以销号。 b) 建设规范化的港口码头统一排污口统一排放生产生活废水，由责任主体定期开展自行监测。 c) 港口码头入河排污口排放废水，不高于 GB 8978 中其他排污单位排放标准要求
	规模以下畜禽养殖排污口	由各地结合黑臭水体整治、消除劣 V 类水体、农村环境综合治理及流域（海湾）环境综合治理等统筹确定整治标准
	规模以下水产养殖排污口	由各地结合黑臭水体整治、消除劣 V 类水体、农村环境综合治理及流域（海湾）环境综合治理等统筹确定整治标准

排污口一级分类	排污口二级分类	整治标准
其他排口	城镇生活污水散排口	a）由属地地市级人民政府结合黑臭水体整治、消除劣V类水体，农村环境综合治理及流域（海湾）环境综合治理等统筹确定整治期限，通过截污纳管入市政管网、由污水处理厂予以处理、原城镇生活污水散排口依法取缔。存在困难的应合理设置过渡期。 b）不具备纳管条件的，建设单独的污水处理设施和规范化的入河入海排污口，其河入海排污口排放水污染物排放标准要求，地方对其有更严格排放要求的，从其规定
	农村污水处理设施排污口	其入河入海排污口排放限值要求不高于各地农村生活污水处理设施水污染物排放标准要求，市（县）对其有更严格排放要求的，从其规定
	农村生活污水散排口	a）由各地结合黑臭水体整治、消除劣V类水体，农村环境综合治理及流域（海湾）环境综合治理等统筹确定整治期限，通过截污纳管入市政管网由污水处理厂予以处理、或纳入农村污水处理设施予以处理，原农村生活污水散排口依法取缔，予以销号。存在困难的，建设单独的农村生活污水散排式污水处理设施或分散式污水处理设施，收集处理后排放 b）不具备纳管条件的，建设单独的污水处理设施，收集处理或合理处置过渡期
	混入污水的城镇雨洪排口	由各地自行确定整治标准，并明确整治期限

附件 5

湖南省长江入河排污口整治参考要求（试行）

大类	小类	整治目标	整治要求
（一）工业排污口	1. 生产废水排污口	执行企业环评（或排污许可）要求的排放标准或相应行业环境管理规范要求	1）园区污水集中处理设施排污口。持续推进园区污水处理设施建设，提高园区污水收集率、处理率和稳定的处理效果。对于处理工艺落后、日常运行不良的工业园区污水处理设施进行技术改造和提标升级，运行良好的，要加强日常监测监控。保证排水水质达标。对于工艺稳定，强化出水水质在线监测达标、保证排水污染物达标，运行良好的要安装在线监测设施并与生态环境部门联网 2）直接排放外环境的企业排污口。对无法纳入、污水处理集中处理设施要纳入对无法纳入，确保排水污染物达标。属于重点排污单位的要安装在线监测设施并与生态环境部门联网
	2. 生活污水排污口	应符合《城镇污水处理厂污染物排放标准》（GB 18918—2002）的规定	原则上工业污水应向园区集中，工业园区的废水和生活污水应分单独收集处理，其尾水不应纳入市政污水管道和雨水管渠。分散式工业废水达到环境排放标准的尾水，不应排入市政水管道。实在需要的，对生活污水和工业废水实施分流，对排入市政管网的符合城镇污水处理厂的纳管标准，直接排放外环境的工业企业生活污水，经污水处理设施处理后达标排放
	3. 厂区雨水排口	行业排放标准中有污染雨水排放标准的，执行该标准；无污染雨水排放标准的，排水水质稳定达到《地表水环境质量标准》（GB 3838—2002）Ⅴ类标准	推进园区或企业建设雨污分流管网，持续完善雨污分流改造及运行维护，严禁园区或企业雨污水混合后雨水排放

201

续表

大类	小类	整治目标	整治要求
	4. 水产养殖排污口	1. 池塘养殖、工厂化养殖等非天然水投饵投肥养殖尾水应执行《水产养殖尾水污染物排放标准》（DB 43/1752—2020）； 2. 执行环评（或排污许可）要求的排放标准或根据排污源头的不同，分别执行不同的行业排放标准	引导合理安排养殖结构，严格控制养殖密度，合理适度投饵、用药、施肥，科学放养水产品种，通过推广综合养结合生态循环农业，确保水质保持良好的生态环境。绿色水产、实现水产养殖的排口整治污染减排
	5. 畜禽养殖排污口	1. 执行《畜禽养殖业污染物排放标准》（GB 18596—2001）； 2. 执行环评（或排污许可）要求的排放标准或根据排污源头的不同，分别执行不同的行业排放标准	落实禁养区、限养区，适养区差异化养殖管控措施，依法关闭或搬迁禁养区内的畜禽养殖场，限养区实行畜禽养殖排放量或者存栏总量控制，适养区推行不超出环境承载力的种养一体化。粪污资源化利用就近利用，污水等废弃物就地就近防治水。根据养殖污染防治需要，对养殖场地实行雨水、污水分流，建设相应的畜禽粪便、贮存设施，污水贮存设施，及时对畜禽粪便、污水进行收集、处理、防止污染水体
（二）农业农村排污口	6. 种植业排污口	由于种植排口的水质情况具有季节性变化的特点，整治水质稳定达到《农田灌溉水质标准》（GB 5084—2021）	实施农业绿色发展行动，强化畜禽粪污资源化利用、强化化肥农药减量增效。强化秸秆地膜综合利用。大力推动农业资源化利用、加快发展节水农业。强化农业生物资源保护。加强耕地质量保护与提升、多方支持耕地的工作格局，共同推进化肥农药减量增效工作。通过推广测土配方施肥，农药减量化、有机肥替代化肥，改进施肥方式等措施，逐步实现种植业排口有效整治
	7. 农村生活污水排污口	农村生活污水就近纳入城镇污水管网，对不能纳入的，采取有效措施收集处理；排污水经处理执行湖南省《农村生活污水处理设施水污染物排放标准》（DB 43/1665—2019）的规定	有条件的地区，农村生活污水就近纳入城镇污水管网排入污水处理设施处理，不具备纳管条件的地区，应结合实际，采取集中处理或分散处理措施，确保污水经收集处理后达标排放。采用分散处理或资源化利用模式的农户处理的必须严格做到"黑灰"分离；采用纳管集中处理和集中污处理达标排放的农户原则上要求"黑灰"分离，"黑灰"尽可能实现就近资源化利用，不能实现"黑水"分离的必须增加化粪池容积，确保污水实现有效无害化。

续表

大类	小类	整治目标	整治要求
（二）农业农村排污口	7. 农村生活污水排污口	农村生活污水就近入城镇污水管网，对不能纳入的，采取有效措施收集处理，排水水质执行湖南省《农村生活污水处理设施污染物排放标准》（DB 43/1665—2019）的规定	新建农村住房必须配套建设化粪池，原有未配套建设化粪池或化粪池设不符合要求的农户，须根据农村改厕工程安排实施。对于湘资沅澧重点流域、洞庭湖生态经济区，重要断面汇水区、黑臭水体以及水环境容量较小地区，县级以上人民政府可根据水环境保护实际需求，执行更严格的排放限值。利用池塘、沟渠等自然水体消纳生活污水的必须确保不形成黑臭水体
（三）城镇生活污水排污口	8. 城镇污水集中处理设施排污口	1. 水环境敏感地区污水处理基本达到《城镇污水处理厂污染物排放标准》（GB 18918—2002）一级A排放标准，其他地区因地制宜科学确定排放标准；2. 2019年以后新建、改建和扩建的县级以上城镇污水处理厂应执行《湖南省城镇污水处理厂主要水污染物排放标准》（DB 43/1546—2018）；3. 对列入环境敏感区域的该类排口应坡类提质，在入河前建设生态湿地或者深度处理工程，减少污染排放；4. 建制镇（乡）污水处理设施要求执行相应排放标准	对于处理工艺落后，日常运行不良的污水处理设施进行技术改造和提标升级；对于工艺稳态，运行良好污水处理设施，强化出水水质在线监测管控；持续推进污水处理设施服务范围内的污水管网建设、整治及雨污分流改造，提高片区污水收集率、处理率和稳定的处理效果。城镇污水集中处理设施的正常运行，应当保证处理设施的正常运行和湘江航电枢纽等生态敏感地区的乡镇污水处理设施达到《城镇污水处理厂污染物排放标准》（GB 18918—2002）一级A排放标准，防止造成二次污染，保证污泥合理处置。其他地区（原则上都按一级B标准执行，规模500 t以下的可按《农村生活污水处理设施水污染物排放标准》（DB 43/1665—2019）执行
	9. 生活污水排污口	尚未截污纳管的城镇生活污水散排口，应合理安排实施截污进度，纳管前确保污水得到处理；确实不具备纳管条件的，应采取有效截污收集措施处理污水，确保达到《污水综合排放标准》（GB 8978）排放	采用集中处理和分散处理相结合的治理理念，对于在城镇污水散排口服务范围以内且纳管条件允许的城镇散排污水实现就近截流纳管；实施配套污水管网建设及改造，实现散排污水口有效截流纳管；对于截污纳管条件困难的城镇污水散排区域实施一体化污水处理设施，实行分散处理。通过集中处理与分散处理相结合的各类措施，实现对未截污纳管城镇生活污水散排口的有效整治

续表

大类	小类	整治目标	整治要求
（四）港口码头类排污口	10. 生产废水排污口	执行环评（或排污许可）要求的排放标准或相应部门行业环境管理规范要求	港口码头按照国家有关规定配置相应的防污设备和器材，禁止向水体排放船舶污染物。港口码头餐厨垃圾应当贮存在专门的容器中，收集上岸集中处置，禁止向水体倾倒垃圾、排放残油、废油、含油废水。生活污水经过处理后达标排放，禁止直接向水体未经处理的含油废水。港口码头要落实主体负责制定防止船舶溢漏预案，采取防溢流、防渗漏、防坠落等措施，防止货物污染水体。推进船舶污水收集上岸集中处置
	11. 生活污水排污口	执行环评（或排污许可）要求的排放标准或相应部门行业环境管理规范要求	通过建设收集管道及配套处理装置，船舶生活污水处理装置和生活污水储存柜，实现生活污水预处理和收集，并对收集的生活污水进行定期接收和无害化处理
	12. 雨水排口	排水水质执行稳定达到《地表水环境质量标准》（GB 3838—2002）Ⅴ类标准	确保保留的雨水排口。通过完善雨污分流系统，逐步提升雨水污水的收集处理效率，解决污染排放情况，实现"清污分流、雨污分流、一水多用"的目标。应急排涝的雨水排口应在保证安全的同时对排污口进行日常监管，确保污水排污无混排
	13. 城镇雨洪排口	排水水质执行稳定达到《地表水环境质量标准》（GB 3838—2002）Ⅴ类标准；对于受纳水体划定水功能要求的，外排水不能影响受纳水体总水体水功能要求	开展城镇生活污水截污纳管工作，完善汇水区范围市政管网建设及雨污分流改造，实现对雨水的吸纳、蓄滞和缓释，加强对初期雨水的排放管控和污染防治。降雨期间存在雨水径流被污染制城市雨洪排污口，应采取源头雨水截污的截流污染整治雨水排污口，清淘管道沉积物等维护措施，控制雨水径流污染。存在溢流污染的截流式合流制城市雨洪排污口，应编制削减城市雨水径流污染的分流制改造，定期巡查管网、清淘管道沉积物，方案应包含城市面源污染成因分析，任务目标、实施雨污分流改造，工作内容、职能部门分工，时限要求等。有条件的地区实施雨污分流改造；不具备此条件的地区，在保证防洪排涝、保障城市安全的前提下，应采取源头雨水收集处理和资源化利用、截流井改造，增加截流干管截流倍数、扩大污水处理厂规模、建设调蓄设施等措施，控制溢流污染

续表

大类	小类	整治目标	整治要求
（五）沟渠、河港（涌）、排干等	14. 沟渠、河港（涌）、排干等	1. 所在水体划定了水域功能目标或在河长制管理中制定了环境管理目标的，原则上执行水域功能标准或环境管理目标；2. 未划定水域功能或无环境管理目标的，结合入河排污口排入河流的水域功能和水质现状，执行不低于《地表水环境质量标准》（GB 3838—2002）V类的水质标准，并消除黑臭	纳入河长制管理范围的沟渠、河港排口，应充分结合河长制管理要求，完成对排污口对应流域综合治理范围的流域修复规划实施，通过推进对应汇流范围内的流域生态修复工作，河流生态修复规划实施，实现水域功能水质稳定达标。未纳入河长制管理范围的，在将河长制管理进一步延伸的同时针对性制定地制宜小流域整治阶段性实施方案，完成对沟渠、河港排口整治，实现水体水质的持续改善
（六）其他排口	15. 其他排口	执行稳定达到不低于《地表水环境质量标准》（GB 3838—2002）V类水质标准，并消除黑臭	针对其他排口，因地制宜采取经济、高效的治理技术、设备和措施，实现有效整治，促进入河水质持续改善

备注：

1. 本参考要求适用于长江入河排污口整治工作，不作为入河排污口的常态化管理要求。如后续国家出台有关标准和要求，则执行国家规定。
2. 本参考要求与其他要求法律法规、标准和环评审批要求不复不一致的，适用原规定。
3. 各市（州）人民政府确定了环境敏感区域具体范围和执行时间的，从其执行。
4. 对于违反相关法律法规要求的排污口，如涉及饮用水水源保护区、自然保护区、生态保护红线、国家水产种质资源保护区、国家湿地公园等环境敏感区的排污口，应严格按照要求，依法整治、关闭等。
5. "13. 城镇雨洪排口"的整治目标中"对于受纳的水体划定水功能要求的，外排水不能影响受纳水体总体水功能要求"为后续补充。

案例 55

重庆市入河排污口整治验收销号规则

　　2023 年 3 月 24 日，重庆市生态环境局印发了《重庆市入河排污口整治验收销号规则（试行）》，用于指导重庆市入河排污口整治验收销号工作。

　　该文件规定：入河排污口责任主体负责实施整治、自行组织验收、准备销号材料和提出销号申请。各区（县）人民政府对照《重庆市入河排污口整治指导技术标准（试行）》组织入河排污口整治验收，重庆市生态环境局组织对各区（县）已完成销号备案的排污口开展抽查检查。验收销号主要步骤如下：①销号申请。排污口责任主体对认为已经完成整治任务的入河排污口组织自行验收后，向所属区（县）人民政府提出书面销号申请。②核查销号。区（县）人民政府接到验收销号申请后，安排相关主管部门并邀请专家开展材料审核和现场核查；材料审核和现场核查通过的，区（县）人民政府在官方网站予以分批或统一公示，公示期结束后确认销号。③备案备查。各区（县）人民政府将已销号排污口的整治验收销号表及相关佐证资料报重庆

重庆市生态环境局

重庆市生态环境局
关于印发《重庆市入河排污口整治
验收销号规则（试行）》的通知

各区县（自治县）生态环境局，西部科学城重庆高新区、万盛经开区生态环境局，两江新区分局：

　　为贯彻国务院办公厅《关于加强入河排污口监督管理工作的实施意见》（国办函〔2022〕17 号）和《关于转发生态环境部国家发展改革委员会长江入河排污口整治行动方案的通知》（国办函〔2022〕76 号）文件精神，指导全市入河排污口整治验收销号工作，我局结合工作实际，编制了《重庆市入河排污口整治验收销号规则（试行）》，现印发给你们，供入河排污口整治验收销号工作使用。

重庆市生态环境局
2023 年 3 月 24 日

市生态环境局备案备查。

截至 2023 年，重庆市已完成 80% 长江入河排污口的整治销号工作。

重庆市入河排污口整治验收销号规则（试行）

为贯彻国务院办公厅《关于加强入河排污口监督管理工作的实施意见》（国办函〔2022〕17 号）和《关于转发生态环境部　国家发展改革委员会长江入河排污口整治行动方案的通知》（国办函〔2022〕76 号）文件精神，按照《重庆市入河排污口排查整治和监督管理工作方案》（渝府办发〔2022〕124 号）要求，指导重庆市入河排污口整治验收销号工作，制定本规则。

一、适用范围

本规则适用于指导重庆市全域范围内各类入河排污口的整治验收销号工作。

二、整治验收销号流程

入河排污口责任主体负责实施整治、自行组织验收、准备销号材料和提出销号申请。各区县（自治县）人民政府、两江新区、西部科学城重庆高新区、万盛经开区管委会（以下简称各区县政府）对照《重庆市入河排污口整治指导技术标准（试行）》组织入河排污口整治验收，重庆市生态环境局组织对各区（县）已完成销号备案的排污口开展抽查检查。步骤如下：

（一）销号申请

按照"一口一策"整治方案，排污口责任主体对照《重庆市入河排污口整治指导技术标准（试行）》中明确的整治要求，对认为已经完成整治任务的入河排污口组织自行验收后，填报《重庆市入河排污口整治验收销号申请表》（附件 4），向所属区（县）人民政府提出书面销号申请。

（二）核查销号

区（县）人民政府接到验收销号申请后，参照《重庆市入河排污口排查整治和监督管理工作方案》（渝府办发〔2022〕124号）分工，安排相关主管部门并邀请专家开展材料审核和现场核查，对于问题较小、立行立改的排污口可不邀请专家参加。材料审核和现场核查通过的，区（县）人民政府在官方网站予以分批或统一公示，接受社会监督。公示期结束后，填写《重庆市入河排污口整治验收销号表》（附件5），经各相关主管部门分管局领导签字并加盖公章后，由区（县）人民政府分管领导签字，盖政府公章后确认销号。

（三）备案备查

各区（县）人民政府在销号后一个月内，将已销号排污口的整治验收销号表及相关佐证资料报重庆市生态环境局备案备查。重庆市生态环境局会同相关市级部门对完成销号备案的排污口按比例开展抽查，对抽查不合格的提出整改意见。对工作进展迟缓、弄虚作假等问题，进行通报批评、公开约谈，对情节严重的，将按不同情形依法依规提出问责建议；对工作成效突出的，将予以通报表扬。

以完成整治验收销号的入河排污口和无须整治的入河排污口为基础，形成确需保留的入河排污口清单，纳入日常监督管理，并由责任主体按相关要求开展规范化建设。

三、验收与销号资料

（一）验收资料

1.依法取缔类排污口的验收资料。

①由属地政府出具的入河排污口已经依法取缔的文件。

②至少提供1组整治对比照片。

③涉有毒有害物质及重金属污水的，提供涉有毒有害物质及重金属处置说明。

④排污口确无法拆除但废弃使用的，提供入河排污口连接的排污通线布局与走向等资料及图件，以及变更后的排污许可证、溯源报告等其他能够证明入河排污口已经依法取缔、停止排污的材料。

2. 清理合并类排污口的验收资料。

① 入河排污口接纳污水资料信息，"一口一策"整治方案，整治完成情况报告，至少提供2组整治对比照片，其他能够证明入河排污口完成清理合并的材料。

②入河排污口清理合并后排放水量、污染物排放浓度和排放总量超过排污口审批的批复要求、属于扩大范围的，需提供入河排污口扩建审核表；涉及防洪、排涝、供水、堤防安全及河势稳定等问题的，需提供有管理权限的行政主管部门的意见；涉及市政管网的，需提供城镇排水行政主管部门的意见；涉及工矿企业、工业及其他各类园区污水处理厂排污口的，需提供生态环境部门意见。

③整改后排污口水质监测报告，监测因子按照《重庆市入河排污口整治指导技术标准（试行）》中分类整治标准确定。整改后排污口直接流入市政管网的，提供接入市政管网前最后检查井的水质监测报告。

④清理合并后允许保留的工矿企业、工业及其他各类园区污水处理厂、城镇污水处理厂的入河排污口登记信息。

⑤其他能够证明入河排污口已经完成清理合并的材料。

3. 规范整治类排污口的验收资料。

①入河排污口接纳污水资料信息，"一口一策"整治方案，整治完成情况报告，规范整治的工程验收文件，至少提供2组整治对比照片，其他能够证明入河排污口完成规范整治的材料。

②入河排污口规范整治后排放水量、污染物排放浓度和排放总量超过排污口审批的批复要求、属于扩大范围的，需提供入河排污口扩建审核表；涉及防洪、排涝、供水、堤防安全及河势稳定等问题的，需提供有管理权限的行政主管部门

的意见；涉及市政管网的，需提供城镇排水行政主管部门的意见；涉及工矿企业、工业及其他各类园区污水处理厂排污口的，需提供生态环境部门意见。

③整改后排污口水质监测报告，监测因子按照《重庆市入河排污口整治指导技术标准（试行）》中分类整治标准确定。整改后排污口直接流入市政管网的，提供接入市政管网前最后检查井的水质监测报告。

④其他能够证明入河入海排污口已经完成整治、规范排污的材料。

（二）销号资料

1.《重庆市入河排污口整治验收销号表》（附件5）。

2.排污口整治验收销号的证明支撑材料。

（三）不予销号情况

存在以下情况之一的，不予销号：

1.相关领导未签字的、部门（政府）未加盖公章的。

2.验收销号支撑资料不齐全的。

3.验收销号资料存在弄虚作假的。

4.验收销号资料存在明显的逻辑性错误和内容错误的。

附件：1. 重庆市入河排污口整治验收销号流程图（依法取缔类）

2. 重庆市入河排污口整治验收销号流程图（清理合并类）

3. 重庆市入河排污口整治验收销号流程图（规范整治类）

4. 重庆市入河排污口整治验收销号申请表

5. 重庆市入河排污口整治验收销号表

附件 1

重庆市入河排污口整治验收销号流程图（依法取缔类）

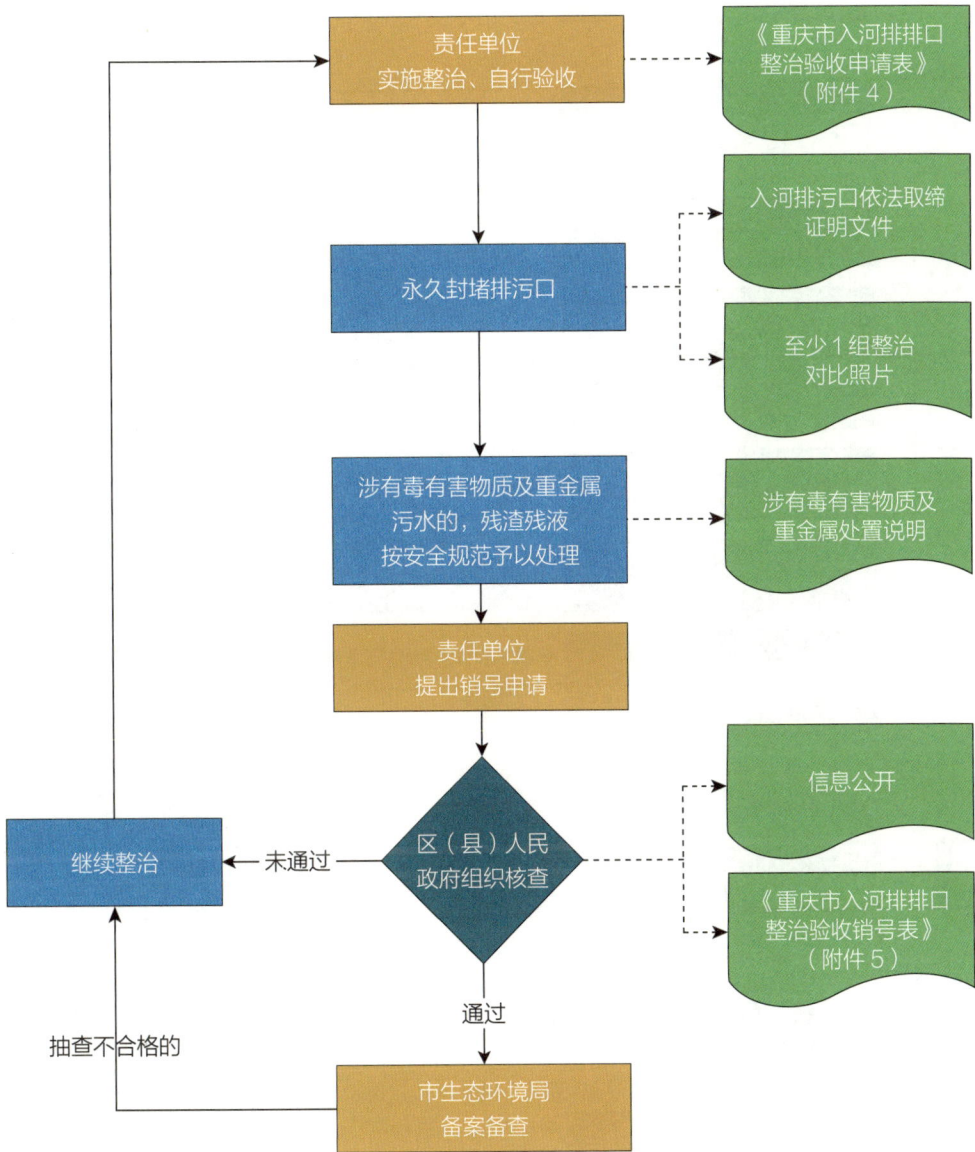

责任单位
实施整治、自行验收 → 《重庆市入河排排口
整治验收申请表》
（附件 4 ）

永久封堵排污口 ┄ 入河排污口依法取缔
证明文件

至少 1 组整治
对比照片

涉有毒有害物质及重金属
污水的，残渣残液
按安全规范予以处理 ┄ 涉有毒有害物质及
重金属处置说明

责任单位
提出销号申请

区（县）人民
政府组织核查 ┄ 信息公开

《重庆市入河排排口
整治验收销号表》
（附件 5 ）

未通过 → 继续整治

通过

抽查不合格的

市生态环境局
备案备查

附件2

重庆市入河排污口整治验收销号流程图（清理合并类）

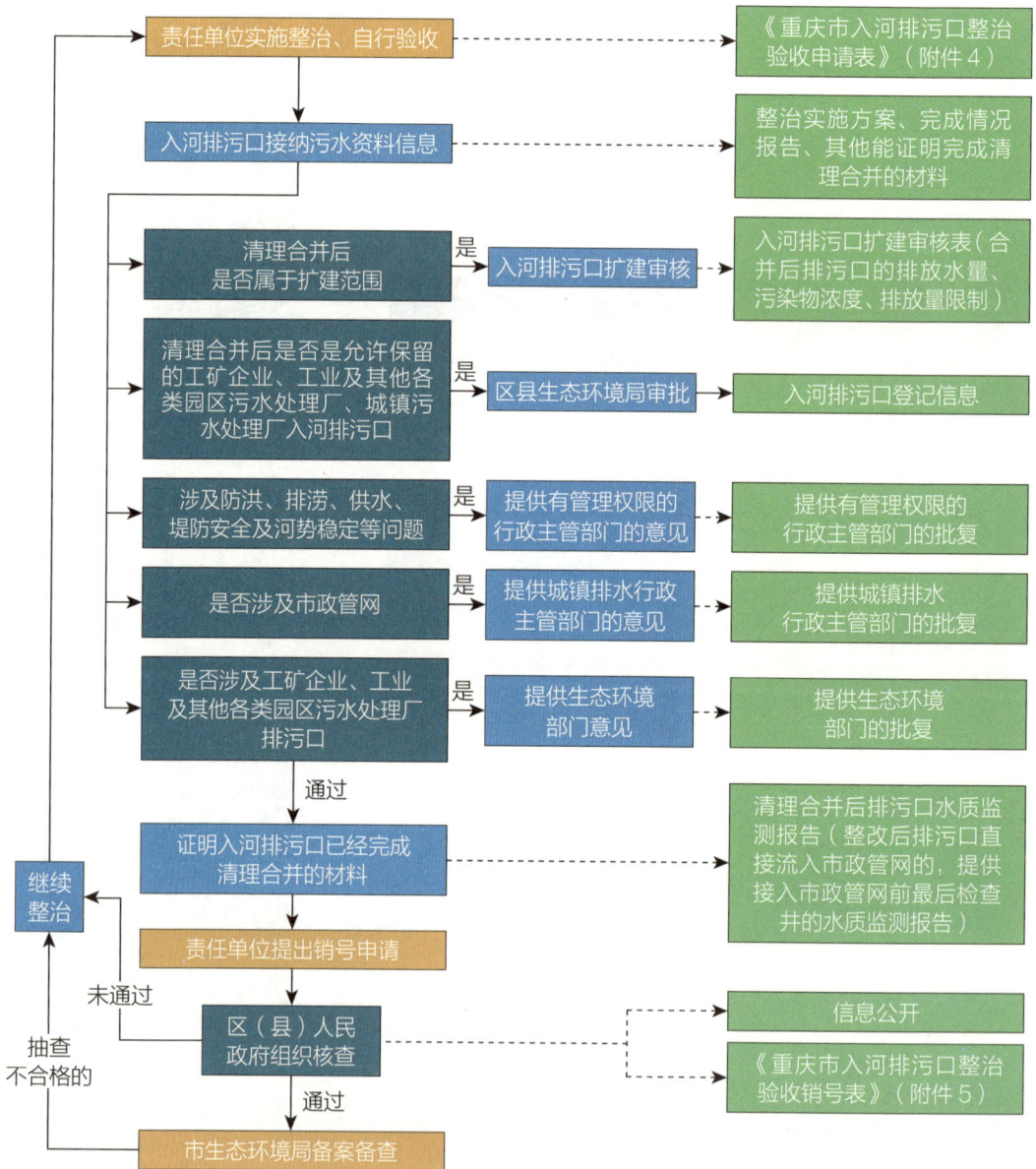

| 责任单位实施整治、自行验收 | ╌╌╌╌> | 《重庆市入河排污口整治验收申请表》（附件4） |
| 入河排污口接纳污水资料信息 | ╌╌╌╌> | 整治实施方案、完成情况报告、其他能证明完成清理合并的材料 |

| 清理合并后是否属于扩建范围 | 是→ | 入河排污口扩建审核 | ╌╌> | 入河排污口扩建审核表（合并后排污口的排放水量、污染物浓度、排放量限制） |

| 清理合并后是否是允许保留的工矿企业、工业及其他各类园区污水处理厂、城镇污水处理厂入河排污口 | 是→ | 区县生态环境局审批 | → | 入河排污口登记信息 |

| 涉及防洪、排涝、供水、堤防安全及河势稳定等问题 | 是→ | 提供有管理权限的行政主管部门的意见 | ╌╌> | 提供有管理权限的行政主管部门的批复 |

| 是否涉及市政管网 | 是→ | 提供城镇排水行政主管部门的意见 | ╌╌> | 提供城镇排水行政主管部门的批复 |

| 是否涉及工矿企业、工业及其他各类园区污水处理厂排污口 | 是→ | 提供生态环境部门意见 | ╌╌> | 提供生态环境部门的批复 |

通过↓

| 证明入河排污口已经完成清理合并的材料 | ╌╌╌╌> | 清理合并后排污口水质监测报告（整改后排污口直接流入市政管网的，提供接入市政管网前最后检查井的水质监测报告） |

| 责任单位提出销号申请 |

未通过

| 区（县）人民政府组织核查 | ╌╌> | 信息公开 |
| | | 《重庆市入河排污口整治验收销号表》（附件5） |

通过↓

继续整治

抽查不合格的

| 市生态环境局备案备查 |

附件3

重庆市入河排污口整治验收销号流程图（规范整治类）

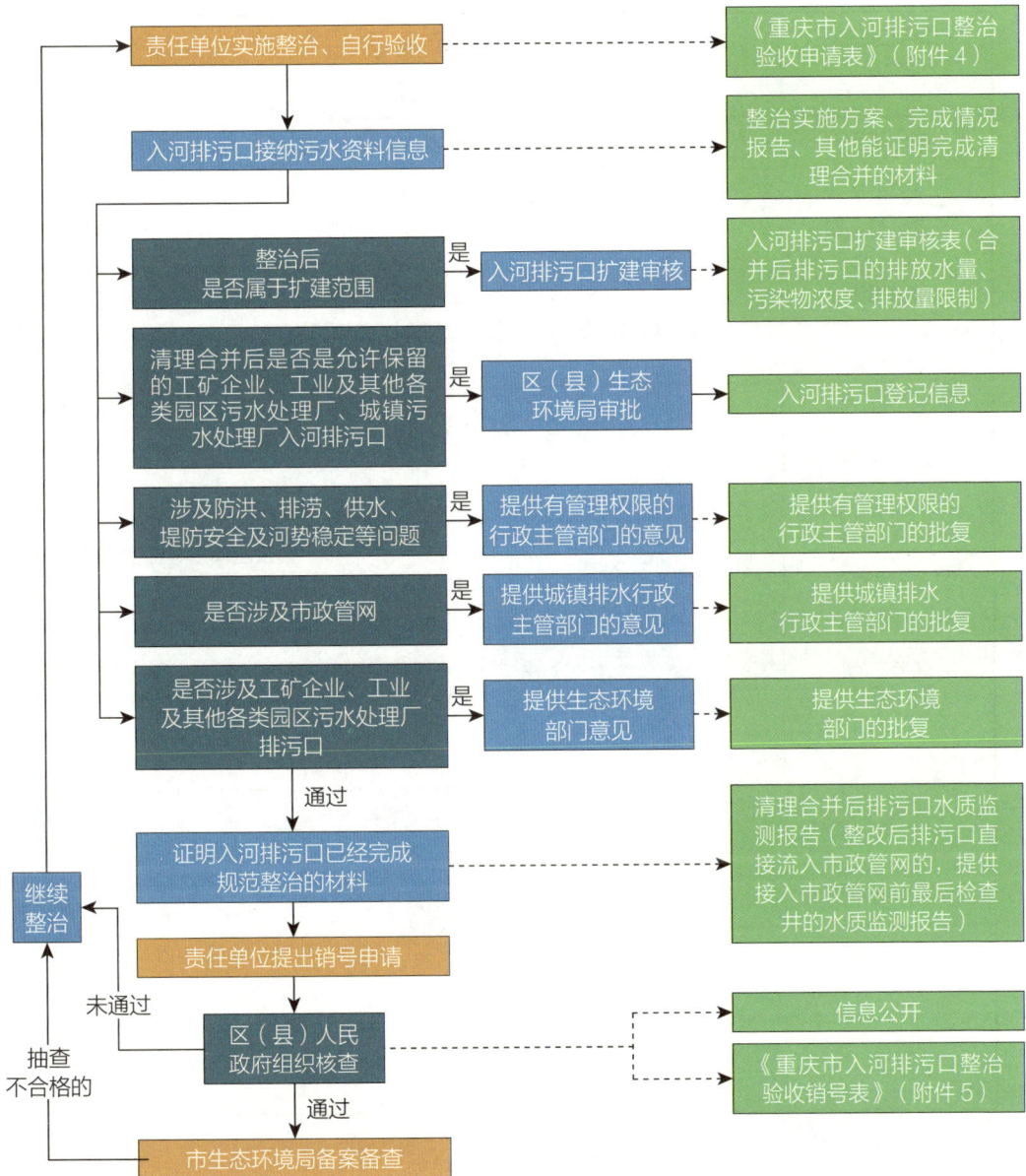

责任单位实施整治、自行验收	┄┄┄► 《重庆市入河排污口整治验收申请表》（附件4）
↓	
入河排污口接纳污水资料信息	┄┄┄► 整治实施方案、完成情况报告、其他能证明完成清理合并的材料

整治后是否属于扩建范围 ——是——► 入河排污口扩建审核 ——► 入河排污口扩建审核表（合并后排污口的排放水量、污染物浓度、排放量限制）

清理合并后是否是允许保留的工矿企业、工业及其他各类园区污水处理厂、城镇污水处理厂入河排污口 ——是——► 区（县）生态环境局审批 ——► 入河排污口登记信息

涉及防洪、排涝、供水、堤防安全及河势稳定等问题 ——是——► 提供有管理权限的行政主管部门的意见 ——► 提供有管理权限的行政主管部门的批复

是否涉及市政管网 ——是——► 提供城镇排水行政主管部门的意见 ——► 提供城镇排水行政主管部门的批复

是否涉及工矿企业、工业及其他各类园区污水处理厂排污口 ——是——► 提供生态环境部门意见 ——► 提供生态环境部门的批复

↓通过

证明入河排污口已经完成规范整治的材料 ┄┄┄► 清理合并后排污口水质监测报告（整改后排污口直接流入市政管网的，提供接入市政管网前最后检查井的水质监测报告）

↓

责任单位提出销号申请

继续整治 ◄——未通过——

区（县）人民政府组织核查 ┄┄┄► 信息公开 ／ 《重庆市入河排污口整治验收销号表》（附件5）

↓通过

抽查不合格的 ◄—— 市生态环境局备案备查

213

附件 4

重庆市入河排污口整治验收销号申请表

排污口编码		所在区（县）	
排污口名称		详细地址	
整治类别		责任主体	
排污口 主要环境问题			
整治措施			
整治完成情况	 责任主体领导签字（盖章）		
整治前后 对比照片			
佐证材料清单			
备注			

注：涉及需要竖标立牌的入河排污口一并在"整治前后对比照片"栏提供照片。

附件5

重庆市入河排污口整治验收销号表

排污口编码		所在区（县）	
排污口名称		详细地址	
整治类别		责任主体	
整治主管部门			
核查整治完成情况			
专家核查情况			
区（县）部门意见	分管领导签字： （盖章）20　年　月　日		
区（县）人民政府意见	分管领导签字： （盖章）20　年　月　日		
销号材料清单			
备注			

填表说明：

1. 此表至少应一式四份，整治责任主体、整治主管部门、区（县）人民政府、市生态环境局各持一份；涉及多个整治主管部门的，每个部门持一份。

2. 涉及多个整治主管部门的，均须在区（县）部门意见栏签字盖章。

3. 专家核查意见须附后。

案例 56

上海市入河排污口动态整治销号制度

2023 年 8 月 7 日，为进一步推动长江入河排污口整治落实到位，强化长效管理，上海市生态环境局印发了《上海市关于建立动态整治销号制度强化长江入河排污口长效管理的实施意见》，用于指导上海市入河排污口整治验收销号工作。截至 2023 年年底，上海市已完成全部长江入河排污口的整治销号工作。

《上海市关于建立动态整治销号制度强化长江入河排污口长效管理的实施意见》规定的入河排污口销号制度主要步骤如下：①责任主体申请。已具备销号条件的排污口责任主体申请排污口销号，并提交能够证明整治完成的资料，包括但不限于整治工程方案、整治前后对比照片或视频等。如排污口实际整治情况与"一口一策"整治方案内容不一致的，还应提供整治内容变更相关依据文件等证明材料。②区级确认。相关区生态环境部门会同行业主管部门等，对照相关资料逐项开展现场审核，确认完成情况。对确认达到相关整治要求的排污口，排污口可完成销号；对未达到整治要求的

上海市生态环境局文件

沪环水〔2023〕130 号

上海市生态环境局关于印发《上海市关于建立动态整治销号制度强化长江入河排污口长效管理的实施意见》的函

浦东新区、宝山区、崇明区人民政府，各有关单位：

根据国家和本市关于建立长江入河排污口整治销号制度的要求，结合学习贯彻习近平新时代中国特色社会主义思想主题教育有关安排，我局制定了《上海市关于建立动态整治销号制度强化长江入河排污口长效管理的实施意见》，现印发给你们，请认真组织实施。

2023 年 8 月 7 日

— 1 —

排污口，明确存在的问题，提出整改意见，反馈排污口责任主体并督促其重新整治后再次申请销号，直至确认达到整治要求后予以销号。③市级核查。市生态环境局将对排污口整治销号工作情况进行跟踪调度，适时组织相关行业主管部门对完成销号的排污口进行现场抽查核查，发现的问题将及时反馈相关区落实动态整治销号工作。

上海市关于建立动态整治销号制度强化长江入河排污口长效管理的实施意见

根据《国务院办公厅关于转发生态环境部　国家发展改革委长江入河排污口整治行动方案的通知》（国办函〔2022〕76号，以下简称《国家行动方案》）、《上海市人民政府办公厅关于印发〈上海市加强入河入海排污口监督管理工作方案〉的通知》（沪府办发〔2023〕6号）、《上海市生态环境局关于印发〈上海市长江入河排污口排查整治专项行动方案〉的通知》（沪环水〔2019〕168号）和《上海市生态环境局关于印发〈上海市长江入河排污口整治工作提示〉的函》（沪环水〔2021〕128号，以下简称《本市工作提示》）要求，为进一步推动长江入河排污口整治落实到位，强化长效管理，结合学习贯彻习近平新时代中国特色社会主义思想主题教育有关安排，制定本实施意见。

一、总体要求

坚持以习近平新时代中国特色社会主义思想为指导，深入贯彻落实习近平生态文明思想和全国生态环境保护大会精神，牢牢把握主题教育"学思想、强党性、重实践、建新功"的总要求，建立长江入河排污口（以下简称排污口）动态整治销号制度，高质量完成排污口整治任务；切实加强排污口常态长效管理，持续改善水生态环境质量；立足先行先试，为全市入河入海排污口整治与管理积累可复制、可推广的工作经验。

二、基本原则

一是严字当头。坚持问题导向，严格对标对表国家和本市相关要求，以对长江大保护战略决策高度负责的责任和态度，高标准完成排污口整治销号工作，确保整治质量。

二是实字为要。坚持效果导向，持续优化工作流程，加强信息化手段应用，着力解决实际问题，夯实排污口整治措施与成效，坚决杜绝虚假整改和表面整改，确保整治工作落到实处。

三是常态长效。坚持目标导向，充分认识排污口的复杂性和变化性，通过建立动态整治销号制度，对日常管理中发现的问题进行再溯源、再整治、再销号，实现排污口常态长效管理。

三、工作责任

浦东新区、宝山区、崇明区人民政府要落实排污口整治和管理属地责任，抓紧推进整治销号工作，确保整治实效和销号质量。同步强化排污口常态长效管理，构建"问题发现—溯源—整治—销号"动态整治销号机制。

生态环境部门作为排污口整治销号和常态长效管理工作的牵头部门，要加强统筹协调，会同相关行业主管部门指导并推动各排污口责任主体做好整治销号和常态长效管理工作。水务、农业农村、交通等相关行业主管部门按职责督促指导本行业排污口整治销号和常态长效管理工作。

各排污口责任主体（经溯源分析，按照"谁污染，谁治理"和政府兜底的原则，明确排污口所属企业事业单位，或产权单位、经营、管理单位等为责任主体；无法确定责任主体的，由属地政府作为责任主体，或由其指定责任主体）对排污口整治质量负直接责任，排污口整治完成后要及时申请销号，并做好排污口日常管理工作。

四、开展整治销号工作

（一）工作范围

依托我局入河排污口管理信息系统（以下简称信息系统），对生态环境部排查、交办并复核确认的 1 467 个排污口的整治工作实行全过程质量监控，做到整治一个、销号一个、规范一个，为排污口常态长效管理夯实基础。

全市入河入海排污口整治工作可参照执行，我局将总结经验后另行制定印发相关指导性文件。

（二）销号条件

1. 排污口责任主体已按照《国家行动方案》《本市工作提示》和区政府印发的整治方案要求，制定"一口一策"整治方案并完成整治，且排污口周边环境状况良好。

2. 排污口责任主体已在信息系统中完整提交"一口一档"内容。

3. 需监测的排污口（包括但不限于工业生产废水和生活污水、城镇污水集中处理设施、港口码头生产废水和生活污水、沟渠、河港等类型），2023 年内开展过监测（包括在线监测、自行监测、监督性监测或者河长制监测等）并将监测数据上传至信息系统，且监测数据符合要求。

（三）销号程序

1. 责任主体申请

已具备销号条件的排污口责任主体在信息系统中对照《排污口整治销号审核表》（见附件 1，以下简称《审核表》）相关内容，逐项开展自查，所有内容均确认完成后提交《审核表》，同步核对并提交完整的销号资料。销号资料主要包括：能够证明整治完成的资料，包括但不限于整治工程方案、整治前后对比照片或视频、整治后排污通道布局与走向图件资料等。如排污口实际整治情况与"一口一策"整治方案内容不一致的，还应提供整治内容变更相关依据文件等证明材料。

2. 区级确认

相关区生态环境部门会同行业主管部门等（可邀请相关专家，或委托第三方技术机构参与），对《审核表》相关填报内容逐项开展现场审核，确认完成情况，并通过信息系统在《审核表》中填写现场审核情况。

结合《国家行动方案》《本市工作提示》和"一口一策"整治方案等要求，对于依法取缔类排污口，经判定污水产生端已完成整改，且排污口经封堵、拆除已不具备排水条件的，可认为完成整治；对于清理合并类排污口，经判定需清理合并的排污口已完成封堵、合并，且确定保留的排污口已完成规范整治的，可认为完成整治；对于规范整治类排污口，经判定符合《国家行动方案》《本市工作提示》基本要求，并已按"一口一策"整治方案完成整改，且监测数据符合要求的，可认为完成整治。

对未达到整治要求的排污口，相关区行业主管部门、生态环境部门在《审核表》销号意见一栏中填写"不同意销号"，明确存在的问题，提出整改意见并盖章，反馈排污口责任主体并督促其重新整治后再次申请销号，直至确认达到整治要求后予以销号。

对确认达到相关整治要求的排污口，相关区行业主管部门、生态环境部门在《审核表》销号意见一栏中填写"同意销号"的意见并盖章后，将扫描件提交至信息系统，原件留存归档。相关区生态环境局可通过信息系统分批次汇总同意销号的排污口清单（附《审核表》），同步生成《排污口整治销号确认表》（见附件2），统一报区政府盖章确认后，排污口即完成销号。

3. 市级核查

市生态环境局将对排污口整治销号工作情况进行跟踪调度，适时组织相关行业主管部门对完成销号的排污口按不少于 5% 的比例进行现场抽查核查，发现的问题将及时反馈相关区落实动态整治销号工作。

排污口整治销号流程图详见附件 3。

（四）时限要求

已具备销号条件的排污口，本工作方案印发后，责任主体即可提交销号申请；需要重新整治的排污口，责任主体完成整治后要及时重新提交销号申请。

2023 年年底前，本市全面完成 1 467 个长江入河排污口的整治销号工作。

五、强化常态长效管理

各相关区要加快构建排污口常态长效监督管理机制。对于新增排污口，发现一个、整治一个、销号一个，按要求有序推进常态长效管理。

（一）加强巡查和监管

1. 开展常态化巡查。排污口责任主体，每季度对所负责排污口开展不少于 1 次的现场巡查，发现雨洪排口晴天排水、排污口存在问题回潮、反复，或新增、遗漏、合并、弃用排污口等各类问题，及时上报相关区行业主管部门和生态环境部门。

2. 强化执法监管。相关区生态环境部门会同相关行业主管部门，结合日常执法监管等工作，每年对辖区内的工业、城镇污水集中处理设施、港口码头、市政雨洪等排污口按不少于 25% 的比例开展现场抽查检查，对违法违规设置排污口或不按规定排污的，依法予以处罚。

3. 依托河长制平台，加强排污口的日常巡查和监督管理。河长应督促相关部门落实常态化巡查机制，对发现的问题定期梳理，及时整改。对于巡查单位发现的问题排污口，河长要结合日常巡河工作，开展现场巡查，摸清问题原因。河长牵头每季度召开一次问题整改工作调度会，研究、协调、推进整改工作，压实各方责任，确保排污口管理常态长效。

（二）开展常态化监测

为进一步强化常态化监管，及时掌握排污口排放状况，自 2024 年起，相关区生态环境部门会同相关行业主管部门、排污口责任主体，统筹现有监测工作基础，每年对所有具备监测条件的排污口开展不少于一次的监测，监测比例、指标和方法等参照《长江入河和渤海地区入海排污口排查整治专项行动监测实施工作要点（试点）》（环办监测函〔2020〕261 号）要求，监测方式可以为在线监测、自行监测、监督性监测或者河长制监测等，监测报告和数据应在完成后 15 个工作日内上传信息系统。

（三）强化动态管理

对存在日常巡查、检查和监测频次不到位、整治进度滞后的排污口，进行预警提示，予以重点关注。对常态监测发现排污口水质超标或未达到整治要求，巡查和监管中发现有雨洪排口晴天排水、问题回潮或反复等情形的排污口，以及新增、遗漏排污口的，开展再溯源、再整治、再销号，构建"问题发现—溯源—整治—销号"动态整治销号机制，加强排污口的动态管理。

六、加强组织实施

（一）加强组织领导

相关区人民政府要进一步提高政治站位，加强组织领导，做好跟踪调度和督促检查，切实把好整治与销号关，把控整治工作质量，确保按时保质完成相关工作任务。

（二）压实属地责任

相关区人民政府、街镇和区域管理部门要落实属地管理责任，切实做好排污口整治和日常管理，保障工作经费，成立工作专班，加强统筹协调，进一步压实排污口责任主体责任。

（三）强化部门协同

市、区两级生态环境部门和水务、农业农村、交通等相关行业主管部门要根据职责分工，各司其职、各负其责，加强联动，协同配合，督促提升相关领域截污治污工作水平，高质量完成排污口整治、销号及长效管理工作。

（四）加强督促指导

市生态环境局将会同相关部门定期开展调度和抽查检查，对发现的问题及时通报相关区落实整改，同步加强日常工作指导和技术帮扶。对工作中存在弄虚作假、敷衍塞责等行为的，依法依纪依规严肃处理；对工作成效突出的，予以通报表扬。

附件：1. 排污口整治销号审核表

　　　　2. 排污口整治销号确认表

　　　　3. 排污口整治销号流程图

附件1

排污口整治销号审核表

排污口名称					
河道名称			正式编码		
责任主体	名称 （盖章）		填报人员：	年 月 日	
排污口类型	□工业 □城镇生活污水 □农业农村 □城镇雨洪 □港口码头 □沟渠、河港 □其他				
台账	是否按要求建立"一口一档"[1]		是□	否□＿＿＿＿＿	
	分类是否准确		是□	否□＿＿＿＿＿	
监测	是否具备监测条件		是□	否□＿＿＿＿＿	
	是否开展监测[2]		是□	否□＿＿＿＿＿	
	监测数据是否超标[3]		是□	否□＿＿＿＿＿	
溯源信息	是否完成溯源		是□	否□＿＿＿＿＿	
	责任主体是否准确		是□	否□＿＿＿＿＿	
一口一策	是否制定"一口一策"整治方案[4]		是□	否□＿＿＿＿＿	
竖标立牌	是否按要求设置标识牌[5]		是□	否□＿＿＿＿＿	
	标识牌设置是否规范[6]		是□	否□＿＿＿＿＿	
整治情况	是否按照整治方案完成整治[7]		是□	否□＿＿＿＿＿	
以上由责任主体填写					
现场审核情况	审核人员：（签字） 年 月 日 （区行业主管部门、区生态环境部门）				
销号意见	区行业主管部门（盖章）		区生态环境部门（盖章）		
备注					

填表说明:

1. 监测、溯源、整治过程中相关的排污口动态变化材料。

2. 根据《长江入河和渤海地区入海排污口排查整治专项行动监测实施工作要点（试点）》（环办监测函〔2020〕261号）监测比例、频次和指标要求。

3. 针对工业、城镇生活污水、港口码头、沟渠、河港等类型排污口（其中，沟渠、河港是否超标判定：通江（海）河流水质（年均值）未达到水环境功能区要求，其他河流水质劣V类）。

4. "一口一策"整治方案符合《国务院办公厅关于转发生态环境部 国家发展改革委长江入河排污口整治行动方案的通知》《上海市生态环境局关于印发〈上海市长江入河排污口整治工作提示〉的函》和区政府印发的整治方案要求，并包括整治目标、整治要求、具体措施、责任分工、进度安排及完成时限等。

5. 根据生态环境部关于《长江、黄河和渤海入海（河）排污口标志牌设置规则（试行）》（环办执法函〔2020〕718号），工业排污口、城镇生活污水排污口中的城镇污水处理设施排污口、农业农村排污口中的规模化畜禽养殖排污口、工厂化水产养殖排污口、港口码头排污口中的生产废水排污口等应设置标识牌。

6. 标识牌是否符合要求，材质、大小、内容等，二维码是否可以扫描使用。

7. 按照整治措施完成整治，监测数据符合要求，相关证明材料充分。整治内容发生变化的，应履行相关变更程序，提供整治内容变更的相关依据文件等证明材料。

附件2

排污口整治销号确认表

申请事由	报请同意 *** 等 个排污口（第 * 批）整治销号 （排污口清单及《审核表》附后） 区生态环境部门（盖章）　　　年　　月　　日
确认意见	同意销号 区人民政府（盖章）　　　年　　月　　日

注：排污口清单同步盖骑缝章。

附件 3

排污口整治销号流程图

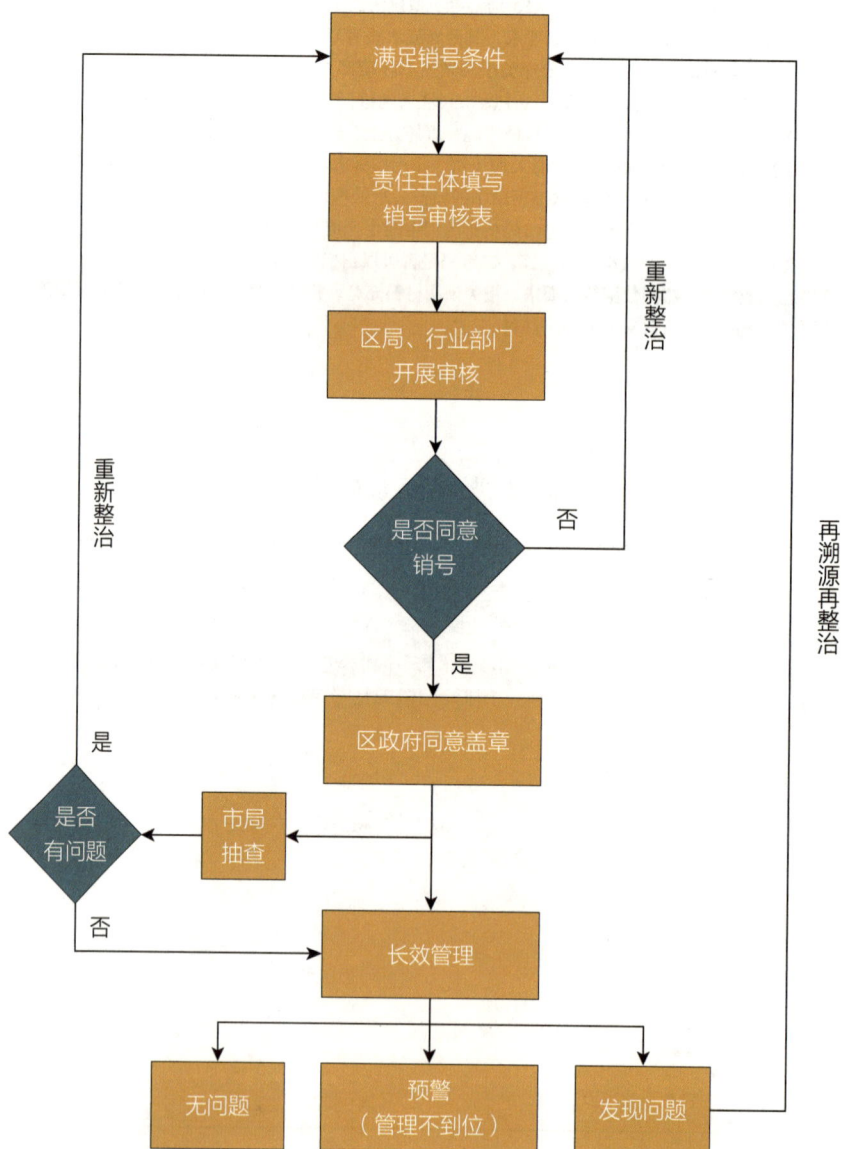

```
满足销号条件
    ↓
责任主体填写
销号审核表
    ↓
区局、行业部门
开展审核
    ↓
是否同意销号 ──否──→（重新整治）→ 满足销号条件
    ↓是
区政府同意盖章
    ↓
市局抽查 ──→ 是否有问题 ──是──（重新整治）→ 满足销号条件
              ↓否
长效管理
    ↓
无问题 / 预警（管理不到位）/ 发现问题 ──（再溯源再整治）→ 满足销号条件
```

案例 57

四川省入河排污口整治验收销号标准和流程

2024 年 2 月 27 日，为加快推进入河排污口整治销号，规范整治销号程序，统一销号标准，指导各市（州）高质量完成整治验收销号工作，四川省生态环境厅办公室印发了《关于加快推进入河排污口整治验收销号工作的通知》（川环办函〔2024〕93 号），提出了销号标准和销号流程，要求各市（州）生态环境局应于 2024 年 3 月底前，参考该文件牵头制定入河排污口整治销号方案，报市（州）人民政府或相应议事协调机构印发实施。

四川省生态环境厅办公室

川环办函〔2024〕93 号

四川省生态环境厅办公室
关于加快推进入河排污口整治验收销号
工作的通知

各市（州）生态环境局：
　　为贯彻落实《国务院办公厅关于加强入河排污口监督管理工作的实施意见》（国办函〔2022〕17 号）《四川省入河排污口排查整治工作方案》（川办发〔2022〕61 号）要求，加快推进入河排污口整治销号，规范整治销号程序，统一销号标准，指导各市（州）高质量完成整治验收销号工作，结合我省实际，现将有关事项通知如下。
　　一、明确工作目标
　　根据《四川省入河排污口排查整治工作方案》（川办发〔2022〕61 号）要求，各市（州）应于 2024 年 6 月底前完成 60% 入河排污口整治销号，10 月底前全面完成入河排污口整治销号。
　　二、建立销号制度
　　根据《国务院办公厅关于加强入河排污口监督管理工作的实施意见》（国办函〔2022〕17 号）要求，各市（州）人民政府是入河排污口整治销号责任主体。各市（州）生态环境局应于 2024

年 3 月底前，牵头制定入河排污口整治销号方案，报市（州）人民政府或相应议事协调机构印发实施。各市（州）应按照"县级验收、市级销号"的原则，从解决排污口突出问题、保护和改善水生态环境质量出发，"成熟一批、验收一批、销号一批"，组织开展入河排污口整治验收销号工作，建立动态整治销号制度，实现入河排污口常态长效管理。
　　三、规范整治销号
　　各市（州）生态环境局可参照以下销号标准和流程制定市级入河排污口整治销号方案。
　　（一）销号标准
　　1. 达到完成整治判定条件。 按照《入河入海排污口监督管理技术指南 整治总则》的技术要求开展整治并达到附录 B 确定的完成整治判定条件。
　　2. 完成规范化建设。 按照《入河入海排污口监督管理技术指南 入河排污口规范化建设》完成排污口规范化建设。
　　3. 完成设置审批。 保留的工矿企业、工业及其他各类园区污水处理厂、城镇污水处理厂的入河排污口完成设置审批。
　　（二）销号流程
　　1. 自评自查。 入河排污口责任主体对照"一口一策"整治方案和《入河入海排污口监督管理技术指南 整治总则》要求，自查自己经完成整治任务的，填报《××市（州）入河排污口整治销号确认表（样表）》（见附件 1），并按"一口一档"原则对照《四川省入河排污口验收销号资料清单》（见附件 2）整理入河排

— 2 —

污口档案后，向县（市、区）人民政府提出验收申请。

2. **县级验收。** 各县（市、区）人民政府接到验收申请后，组织生态环境部门及相关主管部门开展资料审查、系统审核和现场核查，并出具验收意见。对于通过验收的入河排污口，由各县（市、区）人民政府填写《××市（州）入河排污口整治销号确认表（样表）》，向市（州）人民政府或相应议事协调机构申请销号。未通过验收的应明确存在问题，提出限期整改意见。

3. **市级销号。** 市（州）人民政府或相应议事协调机构接到验收销号申请后，组织生态环境部门及相关主管部门开展资料审查、系统审核和现场核查。其中，资料审查主要对整治档案资料的完整性、准确性、系统性进行审查；系统审核主要对全国入河排污口监督管理信息化平台填报内容进行审核；省级河湖长制河流干流入河排污口应全部开展现场核查，其余入河排污口抽查比例不低于30%。核查通过准予销号的，由市（州）人民政府或相应议事协调机构在《××市（州）入河排污口整治销号确认表（样表）》的"市级销号意见"栏填写"同意销号"并加盖公章。核查不通过的，由市（州）人民政府或相应议事协调机构函告县级人民政府继续整改，提出明确要求，限期完成整改后重新履行验收销号程序。各市（州）生态环境局将已销号排污口的整治销号确认表及相关佐证材料于15日内上传至全国入河排污口监督管理信息化平台。

四、明确工作职责

生态环境厅会同省直有关部门通过"双随机、一公开"等方

— 3 —

式组织就入河排污口排放管控要求落实、整治成效情况等开展现场核查，发现问题及时通报有关单位，市（州）人民政府或相应事协调机构要严格把关，确保销号质量。各市（州）人民政府负责组织实施入河排污口整治验收工作，确保整治实效，同步强化入河排污口常态长效管理。各市（州）、县（市、区）生态环境部门牵头负责入河排污口整治，加强统筹协调，会同相关行业主管部门指导并推动各入河排污口责任主体做好整治销号和常态长效管理。同级经济和信息化、住房城乡建设、水利、农业农村等行业主管部门按职责督导并推进本行业入河排污口整治销号和常态长效管理。入河排污口责任主体负责实施整治、准备验收销号材料和提出验收销号申请，对整治质量负责。入河排污口整治完成后要及时收集整理销号资料，提出销号申请，并做好入河排污口日常管理。

附件：1. ××市（州）入河排污口整治销号确认表（样表）
      2. 四川省入河排污口验收销号资料清单
      3. 四川省入河排污口整治销号流程图

四川省生态环境保护办公室
2024年2月27日

— 4 —

该通知规定的入河排污口销号制度主要步骤如下：①自评自查。入河排污口责任主体对照相关要求，自查已经完成整治任务的排污口向县（市、区）人民政府提出验收申请。②县级验收。各县（市、区）人民政府接到验收申请后，组织生态环境部门及相关主管部门开展资料审查、系统审核和现场核查，并出具验收意见。对于通过验收的入河排污口向市（州）人民政府或相应议事协调机构申请销号。未通过验收的应明确存在问题，提出限期整改意见。③市级销号。市（州）人民政府或相应议事协调机构接到验收销号申请后，组织生态环境部门及相关主管部门开展资料审查、系统审核和现场核查。核查通过准予销号；核查不通过的，提出明确要求，限期完成整改后重新履行验收销号程序。

该通知同时要求，各市（州）应于2024年6月底前完成60%入河排污口整治销号，10月底前全面完成入河排污口整治销号。

四川省生态环境厅办公室关于加快推进入河排污口
整治验收销号工作的通知

各市（州）生态环境局：

为贯彻落实《国务院办公厅关于加强入河排污口监督管理工作的实施意见》（国办函〔2022〕17号）、《四川省入河排污口排查整治工作方案》（川办发〔2022〕61号）要求，加快推进入河排污口整治销号，规范整治销号程序，统一销号标准，指导各市（州）高质量完成整治验收销号工作，结合四川省实际，现将有关事项通知如下。

一、明确工作目标

根据《四川省入河排污口排查整治工作方案》（川办发〔2022〕61号）要求，各市（州）应于2024年6月底前完成60%入河排污口整治销号，10月底前全面完成入河排污口整治销号。

二、建立销号制度

根据《国务院办公厅关于加强入河排污口监督管理工作的实施意见》（国办函〔2022〕17号）要求，各市（州）人民政府是入河排污口整治销号责任主体。各市（州）生态环境局应于2024年3月底前，牵头制定入河排污口整治销号方案，报市（州）人民政府或相应议事协调机构印发实施。各市（州）应按照"县级验收、市级销号"的原则，从解决排污口突出问题、保护和改善水生态环境质量出发，"成熟一批，验收一批，销号一批"，组织开展入河排污口整治验收销号工作，建立动态整治销号制度，实现入河排污口常态长效管理。

三、规范整治销号

各市（州）生态环境局可参照以下销号标准和流程制定市级入河排污口整治销号方案。

（一）销号标准

1. 达到完成整治判定条件。按照《入河入海排污口监督管理技术指南 整治总则》的技术要求开展整治并达到附录 B 确定的完成整治判定条件。

2. 完成规范化建设。按照《入河入海排污口监督管理技术指南 入河排污口规范化建设》完成排污口规范化建设。

3. 完成设置审批。保留的工矿企业、工业及其他各类园区污水处理厂、城镇污水处理厂的入河排污口完成设置审批。

（二）销号流程

1. 自评自查。入河排污口责任主体对照"一口一策"整治方案和《入河入海排污口监督管理技术指南 整治总则》要求，自查已经完成整治任务的，填报《××市（州）入河排污口整治销号确认表（样表）》（见附件1），并按"一口一档"原则对照《四川省入河排污口验收销号资料清单》（见附件2）整理入河排污口档案后，向县（市、区）人民政府提出验收申请。

2. 县级验收。各县（市、区）人民政府接到验收申请后，组织生态环境部门及相关主管部门开展资料审查、系统审核和现场核查，并出具验收意见。对于通过验收的入河排污口，由各县（市、区）人民政府填写《××市（州）入河排污口整治销号确认表（样表）》，向市（州）人民政府或相应议事协调机构申请销号。未通过验收的应明确存在问题，提出限期整改意见。

3. 市级销号。市（州）人民政府或相应议事协调机构接到验收销号申请后，组织生态环境部门及相关主管部门开展资料审查、系统审核和现场核查。其中，资料审查主要对整治档案资料的完整性、准确性、系统性进行审查；系统审核主要对全国入河排污口监督管理信息化平台填报内容进行审核；省级河湖长制河流干流入河排污口应全部开展现场核查，其余入河排污口抽查比例不低于30%。核查通过准予销号的，由市（州）人民政府或相应议事协调机构在《××市（州）入河排污口整治销号确认表（样表）》的"市级销号意见"栏填写"同意销号"并加盖公章。核查不通过的，由市（州）人民政府或相应议事协调机构函告县级人民政府继续整改，提出明确要求，限期完成整改后重新履行验收销号程序。各市（州）生态环境局将已销号排污口的整治销号确认表及相关佐证材料于15日内上传至全国入河排污口监督管理信息化平台。

四、明确工作职责

生态环境厅会同省直有关部门通过"双随机、一公开"等方式组织就入河排污口排放管控要求落实、整治成效情况等开展现场核查，发现问题及时通报有关单位。各市（州）人民政府或相应议事协调机构要严格把关，确保销号质量。各县（市、区）人民政府负责组织实施入河排污口整治验收工作，确保整治实效，同步强化入河排污口常态长效管理。各市（州）、县（市、区）生态环境部门牵头负责入河排污口整治，加强统筹协调，会同相关行业主管部门指导并推动各入河排污口责任主体做好整治销号和常态长效管理。同级经济和信息化、住房城乡建设、水利、农业农村等行业主管部门按职责督导本行业入河排污口整治销号和常态长效管理。入河排污口责任主体负责实施整治、准备验收销号材料和提出验收销号申请，并对整治质量负责。入河排污口整治完成后要及时收集整理销号资料，提出销号申请，并做好入河排污口日常管理。

附件：1. ××市（州）入河排污口整治销号确认表（样表）

　　　2. 四川省入河排污口验收销号资料清单

　　　3. 四川省入河排污口整治销号流程图

附件1

××市（州）入河排污口整治销号确认表（样表）

排污口名称		所在县（区）	
排污口编码		详细地址	
整治类别		任务来源	
存在问题	（责任主体填报）		
整治措施及完成情况	（责任主体填报）		
责任主体自评自查意见	（责任主体填报） （签章） 年　　月　　日		
县级有关部门核查意见	（签章） 年　　月　　日		
县级人民政府验收意见	（签章） 年　　月　　日		
市级销号意见	（签章） 年　　月　　日		
备注			

填表说明：1. 任务来源包含国家交办、自查发现两类；

2. 涉及多个县级有关部门的均应签署意见并盖章。

附件2

四川省入河排污口验收销号资料清单

一、共性资料

1. 入河排污口"一口一策"整治方案。

2. 至少提供1组整治前后对比照片。

3. 保留的工矿企业、工业及其他各类园区污水处理厂、城镇污水处理厂的入河排污口审批文件。

二、差异化资料

（一）依法取缔类排污口的验收资料

1. 由责任单位或属地政府出具的入河排污口已经依法取缔的文件。

2. 涉有毒有害物质及重金属污水的，提供涉有毒有害物质及重金属处置说明。

3. 排污口确无法拆除但废弃使用的，提供入河排污口连接的排污通道布局与走向等资料及图件，以及变更后的排污许可证、溯源报告等其他能够证明入河排污口已经依法取缔、停止排污的材料。

（二）清理合并类排污口的验收资料

1. 入河排污口接纳污水资料信息，整治完成情况报告。涉及工程建设的，需提供竣工验收材料。

2. 涉及防洪、排涝、供水、堤防安全及河势稳定等问题的，需提供有管理权限的行政主管部门的意见；涉及市政管网的，需提供城镇排水行政主管部门的意见；涉及工矿企业、工业及其他各类园区污水处理厂排污口的，需提供生态环境部门意见。

3. 整改后入河排污口水质监测报告。

4. 清理合并中予以清理的入河排污口,参照依法取缔类排污口准备档案材料。

（三）规范整治类排污口的验收资料

1. 入河排污口接纳污水资料信息,整治完成情况报告。涉及工程建设的,需提供竣工验收材料。

2. 涉及防洪、排涝、供水、堤防安全及河势稳定等问题的,需提供有管理权限的行政主管部门的意见;涉及市政管网的,需提供城镇排水行政主管部门的意见;涉及工矿企业、工业及其他各类园区污水处理厂排污口的,需提供生态环境部门意见。

3. 整改后入河排污口水质监测报告。

4. 其他能够证明入河排污口已经完成规范整治的材料。

附件 3

四川省入河排污口整治销号流程图

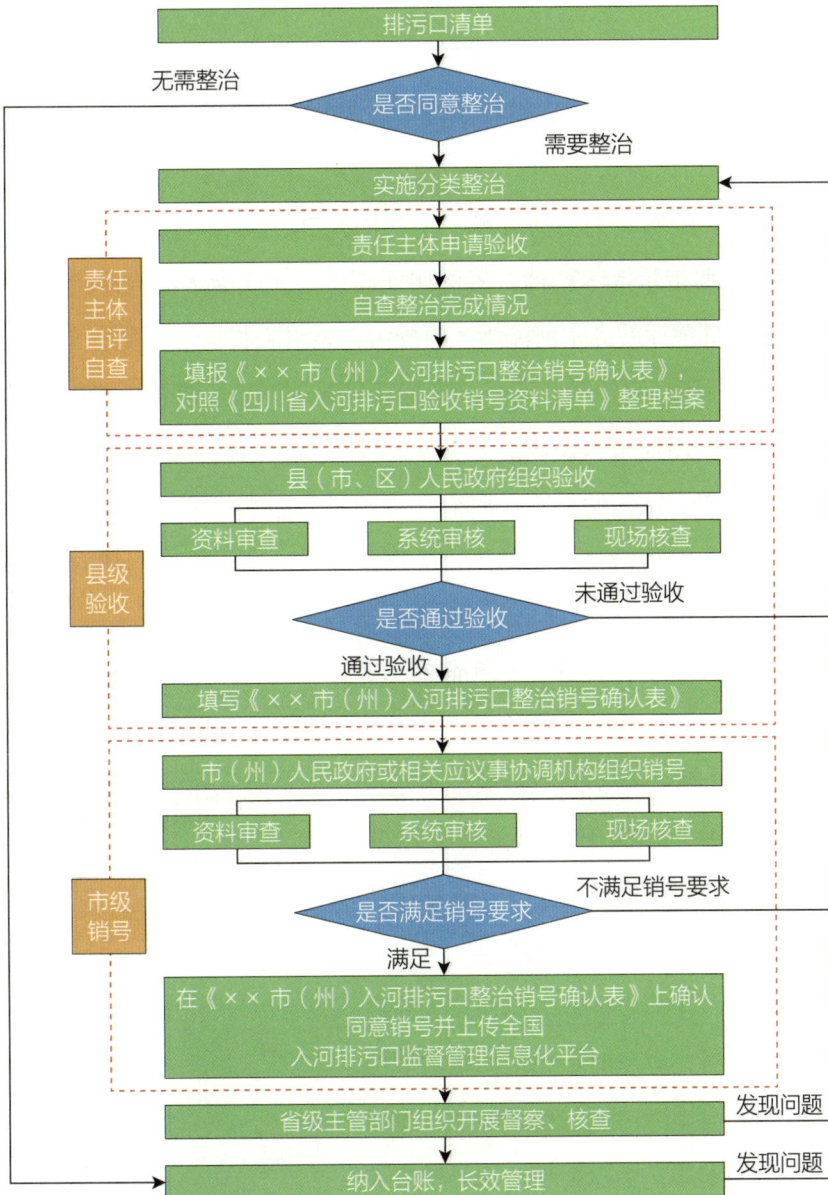

```
                    ┌─────────────────────────────┐
                    │        排污口清单            │
                    └─────────────────────────────┘
                                  ↓
    无需整治            ╱─────────────────────╲
  ←─────────────────── ╲    是否同意整治     ╱
                        ╲───────────────────╱
                                  │ 需要整治
                                  ↓
                    ┌─────────────────────────────┐
                    │        实施分类整治          │ ←──────
                    └─────────────────────────────┘
```

┌─ 责任主体自评自查 ─────────────────────────────┐
│   责任主体申请验收   │
│   自查整治完成情况   │
│ 填报《××市（州）入河排污口整治销号确认表》，   │
│ 对照《四川省入河排污口验收销号资料清单》整理档案 │
└──┘

┌─ 县级验收 ─────────────────────────────────────┐
│   县（市、区）人民政府组织验收   │
│ 资料审查   系统审核   现场核查   │
│   │
│   是否通过验收   ── 未通过验收 ──→   │
│   │ 通过验收   │
│ 填写《××市（州）入河排污口整治销号确认表》   │
└──┘

┌─ 市级销号 ─────────────────────────────────────┐
│ 市（州）人民政府或相关应议事协调机构组织销号   │
│ 资料审查   系统审核   现场核查   │
│   │
│   是否满足销号要求 ── 不满足销号要求 ──→   │
│   │ 满足   │
│ 在《××市（州）入河排污口整治销号确认表》上确认 │
│ 同意销号并上传全国   │
│ 入河排污口监督管理信息化平台   │
└──┘

```
                    ┌─────────────────────────────┐
                    │  省级主管部门组织开展督察、核查 │ ── 发现问题 ──→
                    └─────────────────────────────┘
                                  ↓
                    ┌─────────────────────────────┐
                    │    纳入台账，长效管理        │ ── 发现问题 ──→
                    └─────────────────────────────┘
```

案例 58

赤水河流域（云南段）入河排污口整治验收销号的指导意见

2024 年 6 月 19 日，为贯彻落实习近平生态文明思想和习近平总书记关于赤水河保护治理的重要指示批示精神，确保如期高质量完成赤水河入河排污口整治任务，云南省生态环境厅就赤水河流域入河排污口整治验收销号印发了《赤水河流域（云南段）入河排污口整治验收销号的指导意见》，提出了销号标准和销号流程。

该文件规定：昭通市人民政府是赤水河流域（云南段）入河排污口验收销号的责任主体。镇雄、威信两县人民政府负责辖区内赤水河流域（云南段）入河排污口整治的验收。具体销号流程如下：①申请验收。由责任部门认为已经完成整治任务的排污口，向县人民政府书面申请验收。②验收核查。县人民政府组织相关职能部门及专家开展入河排污口现场核查与验收，并出具验收结论及意见。③申请销号。验收通过后，由县人民政府组织主管部门填写《验收表》（见附件 1），向昭通市人民政府书面申请销号，《验收表》须经县人民政府分管领导签字，并加盖县人民政府公章。④销号确认。昭通市人民政府收到销号申请后，应及时组织市级相关职能部门对相应的入河排污口进行现场核查，确认达到相关整治要求的，予以销号；现场核查未

云南省生态环境厅

云环函〔2024〕211号

**云南省生态环境厅关于印发
《赤水河流域（云南段）入河排污口整治
验收销号的指导意见》的函**

昭通市人民政府：

为贯彻落实好《国务院办公厅关于转发生态环境部国家发展改革委长江入河排污口整治行动方案的通知》（国办函〔2022〕76号）要求，切实推进赤水河流域（云南段）入河排污口整治验收销号工作，省生态环境厅结合实际，编制了《赤水河流域（云南段）入河排污口整治验收销号的指导意见》，现印发给你们，请认真抓好贯彻落实。

附件：赤水河流域（云南段）入河排污口整治验收销号的指导意见

云南省生态环境厅
2024 年 6 月 19 日

（联系人及电话：██████ ███████）

达到整治要求的，不予销号，并指出存在的问题及整改要求和时限，督促县人民政府重新整治，直至完成销号。⑤备案备查。昭通市人民政府完成验收销号后，应建立台账管理，相关资料提交至全国入河排污口监督管理信息平台，并报送省生态环境厅备案，省生态环境厅将适时组织对入河排污口整治工作情况进行抽查复核。

该通知同时要求，2024 年 10 月底前，完成赤水河流域（云南段）干流入河排污口的验收销号工作；10 月 30 日前，完成支流入河排污口市级验收销号；2025 年 11 月底前，全面完成赤水河入河排污口验收销号工作。

赤水河流域（云南段）入河排污口整治验收销号的指导意见

为贯彻落实习近平生态文明思想和习近平总书记关于赤水河保护治理的重要指示批示精神，确保如期高质量完成云南省赤水河入河排污口整治任务，根据《国务院办公厅关于加强入河入海排污口监督管理工作的实施意见》（国办函〔2022〕17 号，以下简称《实施意见》）、《国务院办公厅关于转发生态环境部　国家发展改革委长江入河排污口整治行动方案的通知》（国办函〔2022〕76 号）、《入河入海排污口监督管理技术指南　整治总则》等相关文件和技术规范要求，结合云南省实际，现就赤水河流域入河排污口整治验收销号提出以下指导意见。

一、适用范围

本指导意见仅适用于赤水河流域（云南段）干、支流入河排污口的整治验收与销号工作。

二、入河排污口整治要点及验收销号标准

从保护改善水生态环境质量出发，根据受纳水体生态环境功能明确入河排污口整治要求，加强岸上污染治理。结合省生态环境厅审核通过，昭通市人民政府印发的赤水河流域干、支流入河排污口整治方案要求，以截污治污为重点，按照"依法取缔一批、清理合并一批、规范整治一批"的要求，实施分类整治。

（一）依法取缔类

1. 依法取缔在饮用水水源保护区内、自然保护区的核心区和缓冲区内设置的或者在风景名胜区水体、重要渔业水体和其他具有特殊经济文化价值的水体的保护区内设置的排污口。

2. 已设置的排污口不符合防洪要求、危害堤防安全，以及其他违反法律、行政法规规定设置的排污口。

3. 入河排污口依法取缔应包括入河口门的永久封堵，相应排污通道沿线接口的封堵，通道内底泥、残液等残留物的清理，以及其他安全隐患的消除。

4. 入河口门的永久封堵工程可因地制宜实施，确保入河排污口不再具备排水条件。

5. 入河排污口曾接纳化工、冶炼等涉有毒有害物质及重金属污水的，相应排污通道内的底泥、残液应按相关标准规范予以处理。

6. 入河排污口拆除后，原则上其对应的排污通道应予以拆除、回填，避免破损、塌陷导致安全问题。排污通道无法拆除、回填的，须确保该排污通已废弃，且入河口门不再具备排水条件，并将该排污通道布局、走向等相关资料交入河排污口整治管理单位留存。

7. 入河排污口依法取缔后，应因地制宜采取土方回填、植被修复等方式恢复河道（沟渠）等岸线原貌。

（二）清理合并类

1. 城镇污水收集管网覆盖范围内的生活污水散排口，依据《城镇排水与污水处理条例》及国家有关规定将污水排入城镇排水设施，排水设计方案应当符合城镇排水与污水处理规划与相关标准要求。

2. 工业及其他各类园区或各类开发区内企业现有排污口清理合并后，污水进入园区或开发区集中处理设施统一处理，确需单独设置排污口的，应按要求报批并采取有效措施对污水进行收集处理。工业及其他各类园区或各类开发区外的工矿企业，原则上一个企业只保留一个工矿企业排污口，被清理的排污口按照前述"依法取缔类" 规定予以整治。

3. 入河排污口设置不得影响水生态环境质量，原则上应设置在河道岸边，位于设计防洪水淹没线之上，通过规范建设和运行污水处理设施等措施，达到管控要求。

4. 清理合并入河排污口应就防洪、供水、堤防安全及河势稳定等问题征求有管理权限的流域管理机构或水行政、住建主管等部门意见。

（三）规范整治类

1. 城镇雨洪排口晴天有污水流出的，应开展管网排查溯源，整治混接错接管网及污染源，防止向雨水管网倾倒、排放污染物的行为。

2. 排污通道出现"跑冒滴漏"、渗流或者垃圾、淤泥等污物影响排水水质的，应进行检修或对排污通道进行清掏疏浚，消除堵点，确保排水畅通。

3. 农村生活污水处理设施（站）应通过竣工验收投入运行，且出水水质需达到相关排放标准要求。

4. 责任主体应按照相关规范要求，在入河排污口明显位置竖立标识牌，便于现场监测和监督检查。

5. 工矿企业入河排污口应按规定实现雨污分流，按管理要求建设初期雨水收集设施，做好防渗防腐措施，实现对生产污水和初期雨水的处置，确保稳定达标排放。

6. 入河排污口县级责任主体应根据水质情况自行开展监测，县生态环境部门应重点针对工业排污口、农业排口以及其他排口中的规模以下畜禽养殖排污口、规模以下水产养殖排污口、城镇生活污水散排口、农村污水处理设施排污口、农村生活污水散排口、城镇雨洪排口等适时开展监督性监测，监测频次应按照整治方案和现行相关文件要求落实。

三、验收销号流程

昭通市人民政府是赤水河流域（云南段）入河排污口验收销号的责任主体。镇雄、威信两县人民政府负责辖区内赤水河流域（云南段）入河排污口整治的验收；昭通市人民政府负责入河排污口整治的销号，并按时汇总相关验收销号情况报省生态环境厅备案。具体步骤如下：

（一）时间总体安排

2024 年 10 月底前，完成赤水河流域（云南段）干流 164 个入河排污口的验收销号工作，正在推进整治的支流 710 个入河排污口按照"完成一批、核查一批、验收一批、销号一批"的原则进行验收销号，10 月 30 日前，市级完成验收销号，并报省生态环境厅备案。2024 年 12 月底前，省级将对已完成验收销号的入河排污口开展复核复检抽查工作，2025 年 11 月底前，将全面完成赤水河入河排污口验收销号工作。

（二）申请验收

由责任部门对照整治方案中"一口一策"措施要求，认为已经完成整治任务的，向县人民政府书面申请验收。

（三）验收核查

县人民政府组织生态、水务、住建、发改等相关职能部门及专家开展入河排污口现场核查与验收，并出具验收结论及意见。

（四）申请销号

验收通过后，由县人民政府组织主管部门填写《赤水河流域（云南段）入河排污口整治验收表》（以下简称《验收表》，见附表 1），并附相关验收资料，向昭通市人民政府书面申请销号，《验收表》须经县人民政府分管领导签字，并加盖县人民政府公章。

（五）销号确认

昭通市人民政府收到销号申请后，应及时组织市级相关职能部门对相应的入河排污口进行现场核查，确认达到相关整治要求的，由昭通市人民政府分管领导在《赤水河流域（云南段）入河排污口整治销号表》（以下简称《销号表》，见附表2）上签字，并加盖昭通市人民政府印章。现场核查未达到整治要求的，不予销号，并指出存在的问题及整改要求和时限，督促县人民政府重新整治，直至完成销号。

（六）备案备查

昭通市人民政府完成验收销号后，应建立台账管理，相关证明文件、现场检查记录及影像资料等提交至全国入河排污口监督管理信息平台，并及时报送省生态环境厅备案，省生态环境厅将适时组织对入河排污口整治工作情况进行抽查复核。

四、验收与销号资料要求

（一）验收资料

1. 依法取缔类入河排污口的验收资料：一是由责任部门出具入河排污口依法取缔证明文件；二是排污口整治前后的对比照片（至少提供1组对比照片）。

2. 清理合并类与规范整治类排污口的验收资料：一是入河排污口整治实施方案、整治完成情况报告、整治前后对比照片以及其他能够证明入河排污口已完成清理合并与规范整治的材料；二是水质监测报告，监测因子应包括但不限于pH、COD、氨氮、总氮、总磷，整治前后监测频次不少于1次（整治后，排污口已封堵取缔或接入污水管网的不需要提供）。

3. 无需整治的排口需提交排口现状图片、水质监测报告、日常巡查检查等资料。

（二）销号资料

1. 镇雄、威信两县人民政府向昭通市人民政府申请销号的申请。

2. 两县开展验收工作情况的书面报告、需工程治理的竣工验收相关资料、整治完成照片或视频、监测报告及其他证明材料。

3. 赤水河流域（云南段）入河排污口整治验收销号表。

（三）不予验收销号情况

存在以下情况之一的，不予验收销号：

1. 验收销号资料缺少签字盖章的。

2. 验收销号资料不齐全的。

3. 验收销号资料存在弄虚作假的或未完成整治的。

五、相关要求

一是高度重视。入河排污口整治是赤水河流域系统性、综合性保护治理中一个极其重要的环节，是国家长江流域保护修复攻坚战考核云南省的重要内容，市、县两级人民政府要高度重视，加强组织领导，加大力量投入，强化工作举措，坚持精准治污、科学治污、依法治污，有效管控入河排污口污染物排放，切实把好整治验收销号质量关，按时保质完成工作任务。二是压实责任。地方人民政府是入河排污口整治销号工作的责任主体，各级领导要靠前指挥，加强统筹协调，明确部门职责和分工，紧盯目标任务，加快入河排污口整治工作进度。要成立入河排污口整治验收销号工作组，严格验收销号程序，做到坚决整治、彻底整治，防止表面整治、虚假整治，切实把控整治成效。三是强化监管。结合巡河巡查制度，落实网格化责任制，强化日常网格排查、网格治理、网格监管，及时整改发现的新情况新问题，防止问题反弹回潮，省生态环境厅每月将跟踪调度、核查、督导入河排污口整治情况，确保赤水河流域入河排污口整治工作于 2025 年年底前圆满完成。

附表：1. 赤水河流域（云南段）入河排污口整治验收表

2. 赤水河流域（云南段）入河排污口整治销号表

附表 1

赤水河流域（云南段）入河排污口整治验收表

序号	排口编号	排污口名称	地址	排口责任单位	是否需要治理（无需整治、立行立改、工程治理）	治理措施或监管要求	排污口现状	是否验收通过	备注
1									
2									
……									

专家组人员签字：

验收组人员签字：

整治主管部门意见：   签字并盖章：   年　月　日

县人民政府分管领导意见：   签字并盖章：   年　月　日

附表2

赤水河流域（云南段）入河排污口整治销号表

序号	排口编号	排污口名称	地址	排口责任单位	是否需要治理（无需整治、立行立改、工程治理）	治理措施或监管要求	排污口现状	是否销号通过	备注
1									
2									
……									

专家组人员签字：

验收组人员签字：

整治主管部门意见：   签字并盖章：   年 月 日

昭通市人民政府分管领导意见： 签字并盖章：   年 月 日

年 月 日

年 月 日

案例 59

湖北省入河排污口整治验收销号指导意见

2023 年 7 月 24 日，为有效指导开展整治验收销号工作，切实压紧压实责任，严格整治标准，湖北省长江入河排污口溯源整治攻坚提升行动专项指挥部研究制定了《湖北省入河排污口整治验收销号指导意见》，经省人民政府同意，予以印发。

湖北省入河排污口整治验收销号主要流程如下：①申请验收。排污口整治责任主体对照相关整治标准、要求，对认为已经完成整治任务的入河排污口，向县（市、区）人民政府书面申请验收。②验收核查。各县（市、区）人民政府负责组织整治主管部门制定验收核查实施方案，开展现场核查与验收，出具验收核查意见。③申请销号。验收通过后，由各县（市、区）人民政府向市（州）人民政府书面申请验收销号。验收销号表和具体清单须经县（市、区）人民政府负责同志签字，并加盖县（市、区）人民政府公章。④销号确认。市（州）人民政府收到销号申请后，应及时组织排污口整治主管部门，制定验收核查实施方案，进行现场核查。确认达到整治要求的，

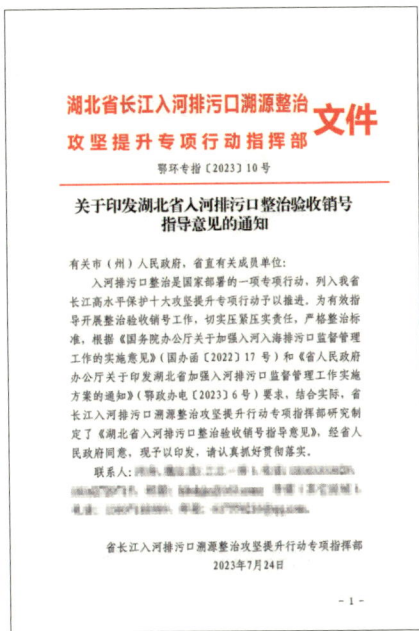

公示无异议后，确认销号；有异议的，市（州）组织核查，并指导进行整改后予以确认。未达到整治要求的，不予销号，并明确存在的问题，提出整改意见，整改完成后重新申请整治验收销号。⑤备案抽查。各市（州）人民政府应将验收销号资料上报省专项指挥部备案；同时在生态环境部入河排污口排查整治系统中完善整治信息及佐证资料。湖北省专项指挥部组织对整治工作情况进行盯办督办，每年对新增完成验收销号备案的排污口按比例进行抽查。

同时，该文件还规定：市（州）人民政府应根据该指导意见，进一步细化整治验收销号具体实施办法或方案，严格按照整治验收销号标准和程序，分阶段组织开展本地排污口验收销号，确保 2025 年年底前基本完成验收销号工作。

湖北省入河排污口整治验收销号指导意见

一、适用范围及要求

本指导意见适用于湖北省干支流、湖库排污口排查整治重点清单所列范围内排污口验收销号工作。国家要求地市级人民政府建立排污口整治销号制度。市（州）人民政府应根据本指导意见，进一步细化整治验收销号具体实施办法或方案，严格按照整治验收销号标准和程序，分阶段组织开展，每季度完成本地排污口总数 10% 的验收销号，确保 2025 年年底前基本完成验收销号工作。

各市（州）确定的其他流域入河排污口由市（州）人民政府按照统一的验收销号标准，自行确定验收程序和办法。

二、验收销号标准及程序

各市（州）要认真对照生态环境部《入河入海排污口监督管理技术指南　整

治总则》中整治完成判定标准（见附表1），结合关于印发《湖北省长江入河排污口整治参考要求、"一口一策"整治方案及台账模板的通知》（鄂环办〔2021〕91号）要求，逐一判定整治完成情况，其中工矿企业、工业及其他各类园区污水处理厂、城镇污水处理厂入河排污口应依法依规进行了设置审核。对符合要求的，按照"完成一批、验收一批"的原则分批次逐步推进验收销号工作。其中认定为非排口的，验收销号也按此程序推进，重点核查是否属于生态环境部明确的非排口类型。

（一）申请验收。按照各市（州）人民政府编制印发的"一口一策"整治方案，由排污口整治责任主体对照相关整治标准、要求，对认为已经完成整治任务的入河排污口，向县（市、区）人民政府书面申请验收。

（二）验收核查。各县（市、区）人民政府负责组织整治主管部门成立由部门负责人任组长的验收核查专班，制定验收核查实施方案，开展现场核查与验收，出具验收核查意见。

（三）申请销号。验收通过后，由各县（市、区）人民政府组织填写《××县（市、区）入河排污口整治验收销号申请表》和《××县（市、区）入河排污口整治申请验收销号的具体清单》（以下简称验收销号申请表和具体清单，见附表2和附表3），并附每个排污口整治验收销号佐证台账资料，向市（州）人民政府书面申请验收销号。验收销号表和具体清单须经县（市、区）人民政府负责同志签字，并加盖县（市、区）人民政府公章。

（四）销号确认。市（州）人民政府收到销号申请后，应及时组织市级水利、农业农村、生态环境、住建、交通运输等整治主管部门，成立由部门负责人任组长的现场核查专班，制定验收核查实施方案，进行现场核查。确认达到整治要求的，组织县（市、区）在当地官网及主流媒体上进行公示（5个工作日），期满无异议的，由市（州）人民政府组织填写《××市（州）入河排污口整治验收销号确认表》和《××市（州）入河排污口整治确认验收销号的具体清单》（以下简称验收销号确认表和确认具体清单，见附表 4 和附表 5），并附每个排污口整治验收销号佐证台账资料，验收销号确认表和确认具体清单须经市（州）人民政府负责同志签字，并加盖市（州）人民政府公章；有异议的，市（州）组织核查，并指导进行整改后予以确认。未达到整治要求的，不予销号，并明确存在的问题，提出整改意见，整改完成后重新申请整治验收销号。

三、备案抽查

各市（州）人民政府应于每季度最后一个月的 25 日前将每批次的验收销号确认表、确认具体清单、公示截图及每个排污口整治验收销号佐证台账资料（见附表 6），上报省专项指挥部备案；同时在部入河排污口排查整治系统中完善整治信息及佐证资料。各地要常态化开展整治验收销号"回头看"，严防问题反弹。

省专项指挥部组织对整治工作情况进行盯办督办，每年对新增完成验收销号备案的排污口，按照 3%～5% 的比例进行抽查，加大对排污量大、易出现反弹和易对水质考核断面产生影响等重点排污口的抽查频次和比例，对认定整治不到位的，退回交办整改并重新申请整治验收销号。

四、工作要求

（一）加强组织领导。各市（州）人民政府要提高政治站位，加强组织领导，做好跟踪调度和督促检查，切实把好整治与验收销号关，确保按时保质完成相关工作任务。

（二）切实压实责任。市（州）、县（市、区）人民政府是入河排污口排查整治的责任主体，要成立工作专班，加强统筹协调，明确各职能部门职责和分工，进一步压实各方责任，严把整治工作质量。

（三）强化督促指导。省专项指挥部将定期调度、核查、盯办，对工作进展迟缓的，采取通报、约谈等措施，对存在弄虚作假、不担当、不作为等突出问题的，将依规依纪移交移送有关部门问责。对工作成效突出的，将予以通报表扬。

附表：1.各类入河排污口规范整治完成判定标准

　　　　2.××县（市、区）入河排污口整治验收销号申请表

　　　　3.××县（市、区）入河排污口整治申请验收销号的具体清单

　　　　4.××市（州）入河排污口整治验收销号确认表

　　　　5.××市（州）入河排污口整治确认验收销号的具体清单

　　　　6.××市（州）入河排污口整治验收销号台账资料要求

附表 1

各类入河排污口规范整治完成判定标准

排污口一级分类	排污口二级分类	判定条件
工业排污口	工矿企业排污口	a）单一排放源入河入海排污口排放的污水，污染物排放浓度应符合其接纳的排污单位适用排放标准中规定的浓度限值。多排放源入河入海排放的污水，污染物排放浓度应不高于各排污单位浓度限值的最高值。 b）排放污水中不应检出接纳的各排污单位适用排放标准中未规定的污染物种类
	工矿企业雨洪排口	a）无生产生活污水排入。 b）已按相关管理要求对初期雨水进行收集处理。 c）工矿企业适用的排放标准中规定了受污染雨水排放浓度限值的，污染物排放浓度应符合其纳的排污单位适用排放标准中规定的浓度限值
	工业及其他各类园区污水处理厂排污口	a）单一排放源入河入海排污口排放的污水，污染物排放浓度应符合其接纳的污水处理厂许可排放浓度限值。多排放源入河入海排污口排放的污水，污染物排放浓度应不高于各排污单位浓度限值的最高值。 b）排放污水中不应检出其接纳的各排污单位适用排放标准中未规定的污染物种类
	工业及其他各类园区污水处理厂雨洪排口	a）无生产生活污水排入。 b）已按相关管理要求对初期雨水进行收集处理
城镇污水处理厂排污口	城镇污水处理厂排污口	单一排放源入河入海排污口排放的污水，污染物排放浓度应符合其接纳的污水处理厂适用排放标准中规定的浓度限值。多排放源入河入海排污口排放的污水，污染物排放浓度应不高于各排污单位浓度限值的最高值
农业排口	规模化畜禽养殖排污口	污染物排放浓度应符合适用的国家或地方畜禽养殖污染物排放标准规定的浓度限值
	规模化水产养殖排污口	污染物排放浓度应符合适用的国家或地方水产养殖污染物排放标准规定的浓度限值

续表

排污口一级分类	排污口二级分类	判定条件
其他排口	大中型灌区排口	a）农田灌溉渠道未接纳工业废水或者医疗污水。 b）排水不黑不臭，不含农膜、农业废弃产品等固体废物
	港口码头排污口	生活污水收集后统一纳入市政管网，由城镇污水处理厂处理；生产废水按规定收集处理
	规模以下畜禽养殖排污口	结合黑臭水体整治，消除劣V类水体，农村环境综合治理及流域（海湾）环境综合治理、畜禽养殖污染治理等要求，各地因地制宜确定整治完成判定条件
	规模以下水产养殖排污口	结合黑臭水体整治，消除劣V类水体，农村环境综合治理及流域（海湾）环境综合治理、水产养殖污染治理等要求，各地因地制宜确定整治完成判定条件
	城镇生活污水散排口	污染物排放浓度应符合其适用的国家或地方污染物排放标准规定的浓度限值
	农村污水处理设施排污口	污染物排放浓度应符合其适用的国家或地方农村生活污水处理设施污染物排放标准规定的浓度限值
	农村生活污水散排口	结合黑臭水体整治，消除劣V类水体，农村环境综合治理及流域（海湾）环境综合治理等要求，各地因地制宜确定整治完成判定条件
	城镇雨洪排口	达到本标准 8.2.2.2 中规定的要求

注：多排放源入河入海排污口，应同时满足各类排污口完成整治判定条件。

8.2.2.2 分流制城镇雨污排口晴天有污水出流的；按照 GB 50014 及《城市黑臭水体整治——排水口、管道及检查井治理技术指南（试行）》要求开展管网调查，整治混接错接管网；防止向雨水管网倾倒、排放污染物的行为。

备注：摘自生态环境部《入河入海排污口监督管理技术指南 整治总则》。

附表2

××县（市、区）入河排污口整治验收销号申请表

简要描述	本批次申请验收销号的排污口的简要描述（共多少个，排污口类型情况，整治成效简要情况）
整治主管部门意见	简要描述涉及的整治主管部门的现场核查意见（后附每个部门加盖公章的核查意见，一个部门一份。其中组织联合验收的，提供验收组意见，并由牵头部门加盖公章）
县（市、区）人民政府意见	签字（盖章） 年　月　日

附表 3　　××县（市、区）入河排污口整治申请验收销号的具体清单

序号	排口基本信息				排口类型		溯源发现的主要问题	整治方案									县级整治主管部门现场核查意见
	正式命名	正式编码	经度	纬度	大类	小类	所属流域	整治类型	整治目标	整治措施	标识牌竖立		完成时限	是否完成整治	责任主体	主管部门	
											是否需要	是否竖立					
1																	
2																	

附表4

××市（州）入河排污口整治验收销号确认表

简要描述	本批次申请验收销号的排污口的简要描述［共多少个，涉及哪些县（市、区），排污口类型情况，整治成效简要情况］
整治主管部门意见	简要描述涉及的整治主管部门的现场核查意见（后附每个部门加盖公章的核查意见，一个部门一份。其中组织联合验收的，提供验收组意见，并由牵头部门加盖公章）
公示情况	简要描述本批次排污口的公示情况
市（州）人民政府意见	签字（盖章） 年　　月　　日

附表 5

××市（州）入河排污口整治确认验收销号的具体清单

序号	县（市、区）	排口基本信息				排口类型		所属流域	溯源发现的主要问题	整治方案			标识牌竖立		完成时限	是否完成整治	责任主体	主管部门	市级整治主管部门现场核查意见	公示情况
		正式命名	正式编码	经度	纬度	大类	小类			整治类型	整治目标	整治措施	是否需要	是否竖立						
1																				
2																				

255

附表6

××市（州）入河排污口整治验收销号台账资料要求

验收销号过程资料 整理要求	验收销号资料按照每批次一并进行整理，主要包含市（州）验收销号确认表、确认具体清单、公示截图
每个排污口 整治验收销号 佐证台账资料要求	主要包含封面（排污口名称、编码）、台账目录和台账资料。台账资料主要包含以下内容： 一、排污口基本信息。包括但不限于：部清单临时名称、部清单临时编码、正式命名、正式编码、地理坐标、行政区划、详细地址、排污口类型、所属流域、受纳水体、入河方式、排放规律、排污口周边环境、污水疑似来源、责任主体、主管部门等信息。并附排污口现场照片、排水特征照片、排污口周边环境照片等资料。 二、监测数据。包括但不限于：监测时间及频次、监测指标、监测方法、监测结果与分析评价等资料（已取缔、封堵或长期无水的不用提供监测数据）。 三、溯源情况。包括但不限于：溯源调查时间、溯源方法、污染源情况、纳污范围、溯源结果与分析、责任主体与主管部门等。 四、整治目标及措施。排污口的整治标准、要求、措施和进度安排。 五、整治佐证材料。整治前后的佐证资料，包括图片、监测数据、有关文件等